3ds Max 2021
从入门到精通

耿晓武◎著

中国铁道出版社有限公司
CHINA RAILWAY PUBLISHING HOUSE CO., LTD.

内 容 简 介

本书系统地讲解了中文版 3ds Max 2021 的各种工具和命令的使用，包括初识 3ds Max 2021、基本操作、基础建模、高级建模、灯光、摄像机、材质和贴图、灯光、材质和渲染，以及基础动画和高级动画等相关的工作中经常用到的关键知识点。在具体介绍过程中辅以实战案例，并穿插技巧提示和答疑解惑等，帮助读者更好地理解知识点，使这些案例成为读者以后实际学习和工作的提前练兵。

本书汇集了笔者多年的设计经验和教学经验，讲解简练、直观，每个理念知识配合相应的案例进行讲解，既可以作为艺术类院校艺术设计、装潢设计、室内设计、影视动画等专业的教材，也适合作为业余自学或培训教材使用。零基础的读者可以根据本书内容逐步掌握制作效果图、动画的步骤和方法，有一定基础的读者可以从中学到新颖的设计和制作思路。

图书在版编目（CIP）数据

3ds Max 2021 从入门到精通 / 耿晓武著 . —北京：中国铁道出版社
有限公司，2021.6
ISBN 978-7-113-27884-7

Ⅰ. ① 3… Ⅱ. ①耿… Ⅲ. ①三维动画软件 Ⅳ. ① TP391. 414

中国版本图书馆 CIP 数据核字（2021）第 066627 号

书　　名：3ds Max 2021 从入门到精通
　　　　　3ds Max 2021 CONG RUMEN DAO JINGTONG
作　　者：耿晓武

责任编辑：张亚慧　　　　编辑部电话：（010）51873035　　　　邮箱：lampard@vip.163.com
封面设计：宿　萌
责任校对：焦桂荣
责任印制：赵星辰

出版发行：中国铁道出版社有限公司（100054，北京市西城区右安门西街 8 号）
印　　刷：国铁印务有限公司
版　　次：2021 年 6 月第 1 版　　2021 年 6 月第 1 次印刷
开　　本：787 mm×1 092 mm　1/16　印张：14.75　字数：365 千
书　　号：ISBN 978-7-113-27884-7
定　　价：79.00 元

3ds Max是由Autodesk公司制作开发的，集建模、材质、灯光、渲染和动画制作于一身的三维制作软件。广泛应用于广告、影视、工业设计、建筑设计、多媒体制作、游戏、辅助教学以及工程可视化等领域，深受广大三维动画制作爱好者的喜爱。

内容特点

以3ds Max 2021中文版本为操作主体，围绕效果图、产品和动画等方面展开。全书共15章，第1~2章讲解3ds Max的基础知识，第3~5章讲解常见的二维、三维和复合对象建模，第6章为高级建模部分，第7~8章为材质和灯光部分，第9章为摄像机部分，第10~11章为动画基础，第12章为动力学，第13章为环境特效与毛发系统，第14章为粒子特效，第15章为综合动画实例。

结合笔者多年积累的专业知识、设计经验和教学经验，考虑到困扰广大初学者在学习该软件过程中所遇到的最大问题，并非软件的基本操作，而是如何将所学的操作灵活应用于实际的设计工作中。因此，在本书的内容设计方面，不以介绍3ds Max软件的具体操作方法为终极目的，而是围绕实际应用，在讲解软件的同时向读者传达更多深层次的信息——"为什么这样做"，引导广大读者获得举一反三的能力，更多地思考所学软件如何服务于实际的设计工作。

适用对象

本书内容力求全面详尽、条理清晰、图文并茂，讲解由浅入深、层次分明，知识点上深入浅出。本书非常适合入门者自学使用，也适合作为应用型高校、培训机构的教学参考书。

关于乐学吧

为了方便读者交流，笔者创立了"技能派"。本着沟通、分享和成长的理念，是专为广大读者打造的学习设计、分享经验的综合性知识平台。创作人员既有多年的设计领域从业经验，又有多年的授课经验和讲授技巧，能够深入地把握广大读者真正的学习需求，并擅长运用读者易于接受的方式将知识与技巧表达出来。"技能派"将一如既往的坚持为读者创作各类高品质图书的宗旨，也衷心希望获得广大读者的认可和支持。

阅读建议

广大读者在学习技术的过程中不可避免会碰到一些难解的问题，如果读者在学习过程中需要我们帮助，请加封面微信好友，拉您进群，与更多群友进行技术交流。

由于笔者水平有限，书中难免有欠妥之处，恳求广大读者批评指正。

耿晓武

2021年3月

目录

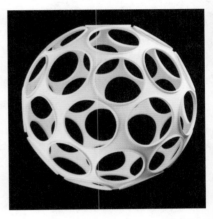

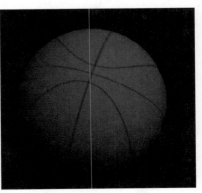

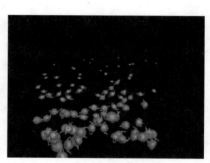

第 1 章

3ds Max 2021 基础知识

本章要点：

① 新增功能

② 基本操作

　　随着计算机的迅速发展和社会的不断进步，计算机信息、平面艺术设计、三维设计、影视动画等方面的技术，影响并改变着人们的工作、学习、生活、生产、活动和思维等方面。利用计算机、网络等信息技术来提高工作、学习和生活质量已成为普通人的基本需求。在广大群众都已经掌握计算机基础的前提下，学习更高级的应用软件技术，不仅可以改变现阶段的生活状况，也可以进行生活环境的美化设计，实现设计来源于生活、高于生活的目的。

1.1 | 3ds Max 2021新增功能

　　3ds Max是由Autodesk公司开发的一款面向对象的智能化应用软件，具有集成化的操作环境和图形化的界面窗口。3D就是三维空间的意思，Max本意为最大，在此引申为最佳最优秀。其前身是基于DOS操作系统的3D Studio系列版本的软件。最低配置要求是386DX，不附加处理器，如此低的硬件要求使得3D Studio立刻风靡全球。3D Studio采用内部模块化设计，可存储24位真彩图像，命令简单，便于学习掌握。

　　此外，3ds Max还具有良好的开放性。世界上很多专业的技术公司为3ds Max软件设计各种插件，如VRay、FinalRender、Brazil等。有了这些专业的第三方插件，3ds Max就插上了羽翼，我们可以更方便、快捷地制作各种逼真的三维效果。

　　3ds Max软件的发展经过了1.0、1.2、2.0、2.5、3.0、4.0、5.0、6.0、7.0、8.0、9.0以及后续的以年代作为记录的版本，如，2008、2009、2010、2011、2012、2013、2014、2015、2016、2017、2018、2019、2020、2021等。

　　2008年2月12日，Autodesk公司宣布，以后新出的软件版本分为两个类型。分别推出了面向娱乐专业人士的Autodesk 3ds Max软件；以及首次推出3ds Max Design软件，这是一款专门为建筑师、设计师以及可视化专业人士量身定制的3D应用软件。在2021版本中，又将两者合为一体，在安装软件后，首次启动时可以根据需要选择软件的版本类型。

　　3ds Max每一次版本的更新，都在业界引起不小的反响。下面介绍笔者此次所使用的2021版本，当前所使用的版本是经过三次补丁升级之后的，新增功能是针对2020之前版本的改进部分。

1.1.1　PBR材质　▼

　　3ds Max 2021对软件的材质和渲染工具集进行了重大更改，其中尤其重要的是更好地支持了游戏和实时工作的PBR（基于物理渲染）工作流。

　　虽然3ds Max的"物理材质"已支持PBR阴影模型，但2021年更新增加了对其他PBR功能的支持。

　　通过新的"金属/粗糙"和"规格/光泽"材料支持两种标准的PBR工作流程。Autodesk将它们描述为"简化的脚本材料……，并为物理材料提供了前端UI"。

　　用户可以将位图文件直接从Windows资源管理器拖动到材质中的任何地图槽中，而3ds Max可以处理自动生成PBR地图所涉及的一些步骤，包括设置线性伽马，如图1-1所示。

图1-1　PBR材质

1.1.2　烘焙到纹理　▼

3ds Max的新"烘焙到纹理"工具中还支持新的"烘焙到纹理"工具PBR。

"烘焙到纹理"取代了旧的"渲染到纹理"和"渲染表面贴图"工具。当将照明或几何体信息烘焙到纹理贴图中时，它提供了"更快的性能"和"更简化的工作流程"。它同时支持OSL纹理贴图，具有添加了对开放着色语言支持的3ds Max 2019和混合箱映射。还支持材料替代，从而提高了生产管道的灵活性。

此外，3ds Max现在都可以生成MikkT切线空间法线贴图（用于虚幻引擎、Unity和Lumberyard等游戏引擎中），并在自己的视口中显示它们，如图1-2所示。

图1-2　烘焙到纹理

1.1.3　Arnold渲染器作为默认渲染器 ▼

3ds Max 2021将Arnold 6.0纳入为默认渲染器，而不是扫描线渲染器。这将提供现代的高端渲染体验。

Arnold渲染器支持新的"烘焙到纹理"工作流，新的AOV工作流。

Arnold渲染器包含新的场景转换器脚本，用于将VRay和Corona材质转换为物理材质，如图1-3所示。

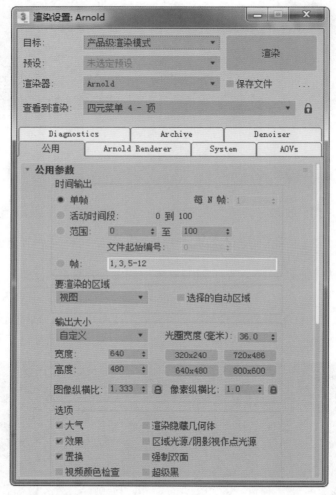

图1-3　Arnold渲染器

1.1.4　加权法线修改器 ▼

"加权法线"通过改变顶点法线使其与较大的平面多边形垂直，改进模型的明暗处理。当与分段为零的切角修改器一起使用时，明暗处理将在切角面（而不是整个模型）中混合，如图1-4所示。

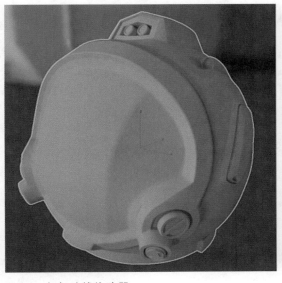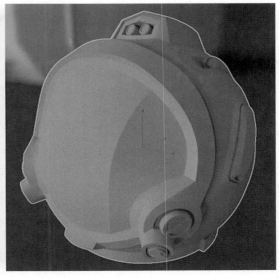

图1-4　加权法线修改器

1.1.5　新的OSL明暗器 ▼

除了 PBR 支持外，对着色和材质的其他更改包括一组扩展的 OSL 着色器。

新的着色器包括一个环境/背景切换器：可以将一张贴图用作背景，另一张贴图用于环境反射和 HDRI Lights 着色器。

OSL 明暗器还提供了用于颜色校正以及相机、对象和球形纹理投影的新着色器，如图 1-5 所示。

图1-5　OSL明暗器

1.1.6　其他方面　▼

每一次版本的更新或是变革，都是软件新功能增加和对原有功能的提升。在 3ds Max 2021 版本中，还对以下功能进行了提升和调整。

1．新的 Substance2 贴图

● Substance2 贴图比旧版 Substance 贴图更快。

● 利用最新 Substance 引擎的更新进行本地 sbar 加载，不再需要从 Substance Designer 导出贴图。

● 支持多达 8k 的纹理。

● 支持 3ds Max 附带的渲染器：Arnold、ART、扫描线和 Quicksilver。

● 脚本化工具，用于快速设置具有特定类型材质的 Substance 或将贴图返回文件。

2．改进了视口设置和质量

● 现在可以将视口设置另存为预设。

● 在视口中工作时，"环境光阻挡"（AO）始终可见。

● "渐进式天光"切换全阴影投射天光，启用时可提供准确的天光阴影，禁用时可减少内部场景中的视口闪烁和视觉问题。

● "渐进式淡入时间"设置视口中某些效果（如渐进式天光、区域灯光和景深）的渐进渲染速度。

● 物理材质的粗糙度支持，同时，灯光阴影默认处于启用状态。

3．SketchUp 导入方面的改进

在新版本中，对于 SketchUp 文件的导入方面进行了提升，导入新的文件时，可以包括忽略隐藏元素并保留层信息等方面的信息。

1.2　基本操作

3ds Max 2021 软件是目前最新的软件版本，其对系统的要求和安装方法与以前版本类似。安装软件时，根据操作系统位数的类别，选择与之配套的软件版本。本书以 64 位的 3ds Max 2021 为基础进行介绍和讲解。

1.2.1　软件界面　▼

在新版本中，软件依然保持多国语言合一的特点，即软件安装完成后，有多个语言版本。对于习惯中文版本的用户来讲，在"开始"菜单中选择"Simplified Chinese（简体中文）"，虽然仍有部分汉化不完整，但是已经可以解决通常的所有问题。进入软件界面时，会发现新版本中，软件的界面 UI 都进行了全面的设计，如图 1-6 所示。

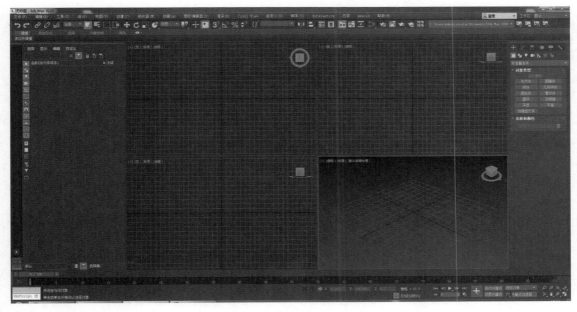

图1-6 软件界面

1. 标题栏

标题栏位于整个界面的正上方，用于显示文件名和当前软件的版本，右侧包括最小化、最大化和关闭三个操作按钮。

2. 菜单栏

菜单栏位于标题栏下方，包括文件、编辑、工具、组、视图、创建、修改器、动画、图形编辑器、渲染、Civil View、自定义、脚本、Interactive、内容、Arnold和帮助等。对当前文件的基本操作，可以通过菜单栏执行。

3. 主工具栏

主工具栏是常用操作工具的图标形式，位于界面上方。当屏幕显示宽度超过1280像素时，可以完全显示。若小于1280像素时，鼠标置于中间"灰线"处时，单击并拖动鼠标，可以移动主工具栏；按【Alt+6】组合键，执行"显示/隐藏"主工具栏操作。将鼠标移动到某图标按钮上悬停时，出现该图标的中文名称。

4. 石墨建模工具

石墨建模工具位于主工具栏下方，集成了"可编辑多边形"的全部操作。在进行可编辑多边形操作时，通过石墨建模工具，方便进行高级建模的操作。

5. 视图区

在3ds Max软件界面中，视图区占据了很大区域，用于显示不同方向观看物体的效果。默认时，视图区包括顶视图、前视图、左视图和透视图。按【G】键，执行"显示/隐藏"视图区中的网格线操作。

在每个视图左上角分别列出视图名称、显示方式等，单击将显示不同的属性设置。视图边框显示高亮黄色，表示当前视图为操作主视图，如图1-7所示。

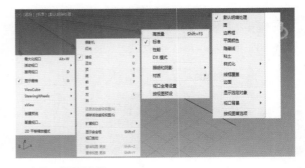

图1-7 视图设置

6. 命令面板

命令面板通常位于软件界面的右侧，包括创建、修改、层次、显示、运动和实用程序等选项，是进行软件操作的主要工作板块，如图1-8所示。

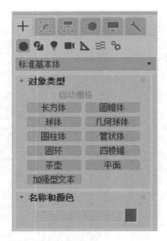

图1-8　命令面板

7．动画控制区

动画控制区位于软件界面下方，包括时间帧和动画控制按钮，方便创建关键帧和进行动画设置等操作，如图1-9所示。

图1-9　动画控制区

8．坐标

坐标位于动画控制关键帧下面，用于显示选定对象的轴心坐标位置。单击 ⊞ 按钮，可以将坐标系统在绝对坐标和相对坐标之间进行切换，如图1-10所示。该工具的作用与快捷键【F12】功能类似，如图1-11所示。

X: 9.859mm　Y: -0.939mm　Z: 0.0mm　　X: 0.0mm　Y: 0.0mm　Z: 0.0mm

图1-10　绝对坐标和相对坐标

图1-11　【F12】键显示选中物体坐标

9．视图控制区

视图控制区位于软件界面右下角，主要用于对视图进行缩放、移动、旋转等控制操作。每一个控制图标都有相关的快捷操作，如图1-12所示。

图1-12　视图控制区

● 当前视图缩放操作：选择该工具后，在视图中单击并拖动鼠标，实现当前视图的缩放操作。也可以通过鼠标滚轮转动，实现以光标所在的位置为中心，进行缩放操作。

● 所有视图缩放操作：选择该工具后，在视图中单击并拖动鼠标，用于实现除摄像机视图以外的所有视图都进行缩放操作。

● 当前视图最大化显示：选择该工具后，当前视图的所有物体最佳显示。快捷键为【Ctrl+Alt+Z】。可以在后面的下拉按钮中，设置选择的物体最大化还是整个当前视图最大化。

● 所有视图最大化显示：选择该工具后，所有的视图最佳显示。快捷方式为【Z】键。若选择了其中某个物体，按【Z】键，则实现最大化显示选中对象的操作。

● 缩放区域：用于对物体进行局部缩放。选择该工具后，在视图中单击并拖动鼠标，框选后的区域充满当前视图。

● 平移操作：选择该工具后，在视图中单击并拖动鼠标可以进行移动视图操作。也可以通过按下鼠标滚轮并推动鼠标来实现视图界面的平移操作。

● 旋转观察：用于对透视图进行三维的旋转观察。快捷键为【Alt+平移】。可以在后面的下拉按钮中，设置旋转观察是以视图为中心进行旋转，或是以选中对象为中心进行旋转，还是以选中对象的子编辑对象中心进行旋转。三维弧形旋转操作后不能通过【Ctrl+Z】组合键进行撤销，可以通过【Shift+Z】组合键进行还原操作。

● 最大化视图切换：用于对当前视图进行最大化或还原切换操作。快捷键为【Alt+W】。将当前视图最大化显示，方便观察物体的局部细节。

> **技巧说明**
>
> 对于软件操作的快捷键，随着版本的变化，快捷键会有所不同。同时，3ds Max 中的快捷键有可能与当前计算机中另外的软件快捷键有冲突。

1.2.2　基本操作 ▼

在进行正式的软件操作前，需要对当前软件的基本参数进行简单设置，才可以将其设置得符合我们日常操作的习惯，毕竟每个人对软件操作或使用，会有一些自己的习惯和特点。

1. 界面设置

在 3ds Max 新版本的软件界面中，默认颜色相对较深。对于习惯以前版本界面的用户来讲，有些不合适。其实没有关系，可以通过自定义 UI 的方式，将界面切换到相对较亮的界面。

执行"自定义"菜单，选择"加载自定义用户界面方案"选项，在弹出的界面中，选择其他的界面样式文件，单击 [打开(O)] 按钮。操作界面恢复以前版本的其他色界面，如图 1-13 所示。

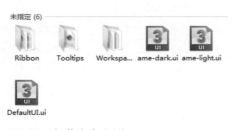

图1-13　加载自定义UI

注意事项

本书讲解内容都是以"ame-light.ui"界面显示方式，浅灰色为主的显示界面，方便查看内容，特此说明。

2. 单位设置

在使用 3ds Max 软件制作效果图时，尺寸单位的设置很重要。精确的单位设置会让我们在后期的材质编辑、灯光调节中，能够得心应手。在文件正式创建之前，需要先对当前场景进行单位设置。

执行【自定义】菜单/【单位设置】命令，弹出系统"单位设置"对话框，将显示和系统单位都更改为"毫米"，如图 1-14 所示。

图1-14　单位设置

1.2.3　首选项设置 ▼

在使用软件操作时，很多常用的设置都需要通过"首选项"来执行。该操作需要广大读者多学习和查看，遇到常见错误也可以通过"首选项"来自行解决。下面，简单介绍以下常用内容。执行【自定义】菜单/【首选项】命令进行操作。

1. 常规选项卡

"常规"选项：用于设置常用的操作选项，如图 1-15 所示。

场景撤销级别：用于设置撤销的默认次数。通过【Ctrl+Z】组合键执行撤销操作。

使用大工具栏按钮：取消勾选该复选框后，主工具栏将以小图标的方式来显示。单击"确定"按钮后，需要重新启动软件，才能看到更改后的效果。

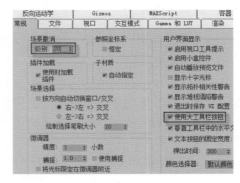

图1-15　"常规"选项

2. 文件选项卡

"文件"选项：用于设置文件保存等方面的操作，如图1-16所示。

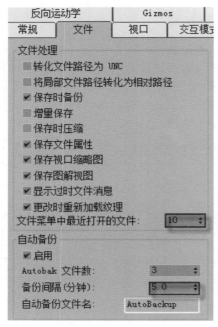

图1-16 文件选项

文件菜单中最近打开的文件：用于设置在【文件】菜单/【打开最近】命令中显示的文件个数，方便快速查看和选择曾经打开或编辑的文件，包括路径和文件名等信息。

自动备份：备份间隔（分钟）选项，用于设置当前文件每隔多长时间进行自动保存。首先对当前文件手动保存，设置存储的位置和文件名，自动备份的文件会以设置的文件进行覆盖。

3. 视口选项卡

"视口"选项：用于设置场景视图区等方面的操作，如图1-17所示。

显示世界坐标轴：选中后，每个视图左下角会显示世界坐标轴图标。

显示驱动程序：用于设置当前软件使用的驱动程序与当前计算机中显卡的驱动程序之间的匹配问题。正确的匹配可以提高当前显卡的性能，加速软件的运行速度。

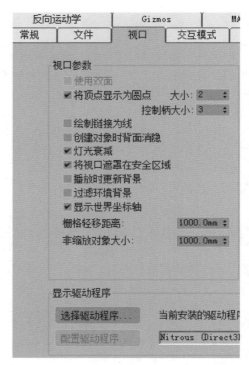

图1-17 "视口"选项

4. Gizmos选项卡

"Gizmos"选项用于设置操作的变换轴心，如图1-18所示。

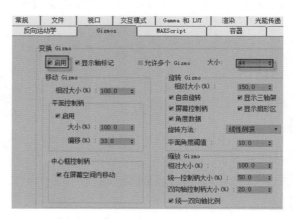

图1-18 "Gizmos"选项

启用：默认该选项为选中状态。选择物体后，使用移动、旋转或缩放时，中间出现变换图标。若不出现，按【Ctrl+Shift+X】组合键或勾选该复选框即可。

大小：设置Gizmo图标的大小。图标大小可通过"+"或"-"键进行大小调节。

1.2.4　文件操作　▼

认识完界面和基本设置以后，即可对当前文件进行基本操作，包括保存、新建、重置等操作。

1.　保存

按【Ctrl+S】组合键或执行【文件】菜单 /【保存】命令，弹出文件存储界面，选择存储位置和文件名。3ds Max 存储文件格式为 "*.max"，如图 1-19 所示。

图1-19　文件保存

2.　重置

在使用软件进行操作时，经常会用到重置操作。通过重置操作，可以将当前视图界面恢复到软件刚刚启动时的界面和状态，将视图显示和比例还原，方便创建物体时，各个视图之间的显示比例保持一致。

执行【文件】菜单 /【重置】命令，弹出重置界面提示，选择存储文件或取消等操作。

3.　合并

在进行模型制作时，往往都是制作完成主要场景后，将该场景中用到的组件或模型合并到当前文件，提高效果图制作的效率。

执行【文件】菜单 /【导入】/【合并】命令，在弹出的界面中，选择 *.max 文件，单击 打开(O) 按钮，选择要导入的模型，单击 确定 按钮，完成模型合并，如图 1-20 所示。

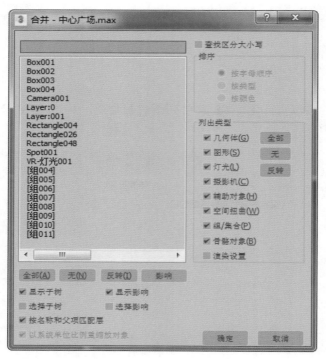

图1-20 合并模型

1.2.5 实战：文件归档 ▼

在使用3ds Max软件制作效果图、产品效果图、动画和游戏场景时，当前场景中用到的模型、材质、贴图、灯光、声音等内容，在复制或通过网络渲染时，需要将其进行归档处理，方便将当前文件所用到的所有资源统一打包，再到其他计算机中打开或访问时，文件内容比较完整。

（1）文件保存：对当前模型文件设置材质、灯光和渲染等参数。

（2）执行【文件】菜单/【归档】命令，弹出【归档】对话框，如图1-21所示。

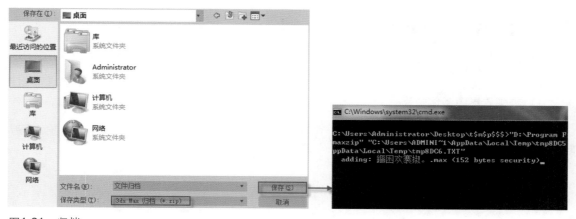

图1-21 归档

（3）单击"保存"按钮后，弹出写入文件命令对话框，需要等待对话框关闭后才能完成归档操作。

第 **2** 章 软件基础操作

本章要点：
① 基本操作
② 复制和群组
③ 实战案例

　　"工欲善其事，必先利其器。"在进行软件基本操作之前，还需要对其进行充分的了解和操作。这样可以将更多的时间和精力留给设计创意和构思，而不是停留在软件基础操作部分，而停止了创意设计的步伐。

基本操作

软件正确安装后，对于很多读者来讲，需要对其有一个充分的认识和了解，才可以完成设计创意后剩下的操作部分。还可以根据设计师的个人操作习惯对其进行布局调整。

3ds Max软件中，物体的创建以及编辑通常使用主工具栏和"命令"面板来进行，在"命令"面板的"新建"选项中，包含常用的几何体、图形、灯光、相机、辅助物体、空间扭曲和系统等选项。物体创建完成后，通过主要工具栏进行基本操作，包括选择、移动、旋转、缩放、复制等操作。这就是进行软件操作的基本流程，广大软件初学者需要掌握。

2.1.1 物体创建 ▼

在了解软件基本界面和参数后，即可着手进行模型的创建操作。对于需要创建的模型，任何一款软件都有其特有的操作方式和应用习惯，因此，读者需要了解物体创建的操作流程，才可以更好地丰富建模的思路。

1. 物体创建

在"命令"面板中，选择"新建"选项，几何体类别，默认的"标准基本体"选项，从中选择相关的物体名称按钮，如图2-1所示。

图2-1　命令面板

在视图中单击并拖动鼠标，根据提示创建物体。不同的物体类型，创建方式不一样。在创建物体时，选择的视图不同，出现的结果也不同，如图2-2所示。

图2-2　初始视图不同

技巧说明

通常具有底截面的物体，如长方体、圆锥体、圆柱体等。在创建时，初始视图通常选择底截面能看到的视图。

所谓的初始视图，是指创建物体时，最先选择的视图。对于初学者来讲，初始视图应选择除透视图之外的其他三个单视图。透视图主要用于观察创建物体后的整体效果。那么这三个单视图，到底选择哪一个呢？

这个问题就如同我们平时在观察一个人时，例如，我想知道这个人的眼睛是单眼皮还是双眼皮，在正面（前视图）的这个方向看得最直接；若在侧面（左视图），容易不直观。因此，选择视图时，选择物体观察最直观、最全面的视图。如：地面，选择在顶视图创建；前墙，选择前视图创建等。

2. 物体参数

掌握物体的参数，可以更快、更精确地创建物体，在此介绍常用的物体参数。其他参数广大读者可以自行学习。

● 长度：是指初始视图中 Y 轴方向尺寸，即垂直方向尺寸。

● 宽度：是指初始视图中 X 轴方向尺寸，即水平方向尺寸。

● 高度：是指初始视图中 Z 轴方向尺寸，即与当前XY平面垂直方向尺寸。

● 分段：也称段数，影响三维物体显示
的圆滑程度。物体模型在进行编辑时，段数设
置得是否合理，也将影响物体显示的形状，如
图2-3所示。

● 半径：用于设置有半径参数的模型尺寸
大小，如圆柱体、球体和茶壶等。

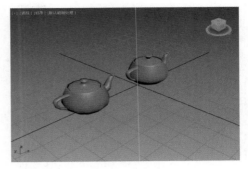

图2-3 不同段数显示效果

2.1.2 控制对象 ▼

在对3ds Max软件进行操作时，菜单栏下方的"主工具栏"使用频率非常高。因此，在正式
学习建模前，先介绍主工具栏的操作和使用。

1. 撤销与还原

撤销与还原位于主工具栏左侧的 ↺↻
按钮。在具体进行操作时，通常使用快捷键
【Ctrl+Z】进行撤销操作，使用快捷键【Ctrl+Y】
进行还原操作。默认最多可以进行20次场景撤
销操作。通过【自定义】菜单/【首选项】命
令，在【常规】选项中，设置场景撤销级别数。

2. 暂存与取回

暂存功能与PhotoShop软件中的"快照"
功能类似，将到目前为止的操作进行临时存储，
方便快速还原到暂存过的状态。与"快照"工
具不同的是，在3ds Max软件中，该暂存只能
存储一次，再次执行暂存操作时，上一次存储
过的状态将不能还原。执行【编辑】菜单/【暂
存】命令，执行暂存操作。取回时，直接执

行【编辑】菜单/【取回】命令即可，如图2-4
所示。

图2-4 暂存和取回

3. 链接和绑定

链接和绑定操作，位于"撤销"和"还原"
按钮的后面 ⧉⧉⧉ 按钮。三个按钮分别为"选
择并链接"、"取消链接选择"和"绑定到空间
扭曲"，通常用于制作动画。后续章节有所介
绍，在此不赘述。

2.1.3 选择对象 ▼

当物体创建完成需要再次编辑时，通常先进行物体选择，然后进行对象操作。选择对象包括
选择过滤器、选择对象、按名称选择、框选形状选择等方式。

1. 选择过滤器 全部 ▼

选择过滤器用于设置过滤对象的类别，包括
几何体、图形、灯光、摄像机、辅助对象等。在
列表中选择过滤方式即可。在建模时，该过滤器
使用相对较少。在进行灯光调节时，通常需要设
置过滤类型为"灯光"，方便选择灯光对象。

2. 选择对象 ▣

快捷键为 【Q】 键，通过单击物体对象，

实现选择操作。单视图中被选中的对象，呈白
色线框显示。

3. 按名称选择 ≡

快捷键为 【H】 键，通过物体的名称来选
择物体。在平时练习时，物体可以不用在意模
型名称。在正式制作模型时，创建的物体需要
重新命名，彼此关联密切的物体模型，需要对
其进行成组。方便进行选择和编辑操作。

按【H】键，弹出"从场景选择"对话框，如图2-5所示。

图2-5 "从场景选择"对话框

将光标定位在"名称"文本框中，输入对象名称的首字或首字母，系统会自动选择一系列相关的对象。对象名称前有"[ ]"，表示该对象为"组"对象。通过界面上方的 ●●●●■△≋■❶━ 按钮，设置显示对象的类别，如几何体、图形、灯光、摄像机等。

> ### ⊙ 技巧应用
>
> 在进行对象选择时，通常会使用相关的组合键。例如，全选：【Ctrl+A】；反选：【Ctrl+I】；取消选择：【Ctrl+D】；加选：按住【Ctrl】键的同时，依次单击对象可以实现加选；减选：按住【Alt】键的同时，依次单击对象实现减选。

4. 框选形状 ▦

框选形状用于设置框选对象时，框选线绘

制的形状。连续按【Q】键或从后面的"三角"按钮下拉列表中，选择框选的形状，从上往下依次是矩形选框、圆形选框、多边形选框、套索选框和绘制选择区域等样式，如图2-6所示。

图2-6 框选样式

5. 窗口/交叉 ▦

窗口/交叉用于设置框选线的样式。默认时框选的线条只要连接对象，即被选中。单击该按钮，呈现 ▦ 状态时，框选的线条完全包括的对象，才能被选中，如图2-7所示。

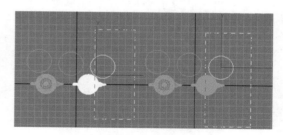

图2-7 窗口和交叉对比

2.1.4 双重工具 ▼

双重工具，顾名思义就是该工具有两个作用。在主工具栏中的双重工具包括"选择并移动"、"选择并旋转"、"选择并缩放"和"选择并放置"4组。

1. 选择并移动工具 ✛

快捷键为【W】键，通过该工具可以进行选择物体和移动物体操作。在进行移动操作时，初学者最好还是在单视图中进行。利用【W】键选择物体后，出现坐标轴图标，当鼠标悬停在图标上时，通过鼠标悬停来锁定要控制的轴向，悬停锁定X轴，如图2-8所示。

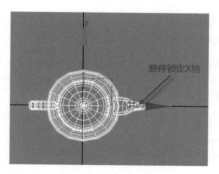

图2-8 悬停锁定X轴

● 坐标轴图标显示：坐标轴图标显示对于锁定轴向很有帮助，若不显示时，需要执行【视图】菜单/【显示变换Gizmo】命令，执行坐标轴图标显示操作。

● 坐标轴图标大小调节：直接按键盘上的"+"键放大，"-"键缩小显示。

● 精确移动：在场景建模阶段，精确建模将影响后续的材质编辑和灯光调节，如将选中的球体向右水平移动50个单位。

按【W】键，单击选择物体，右击主工具栏中的 ✛ 按钮或按【F12】键，弹出【移动变换输入】对话框，如图2-9所示。

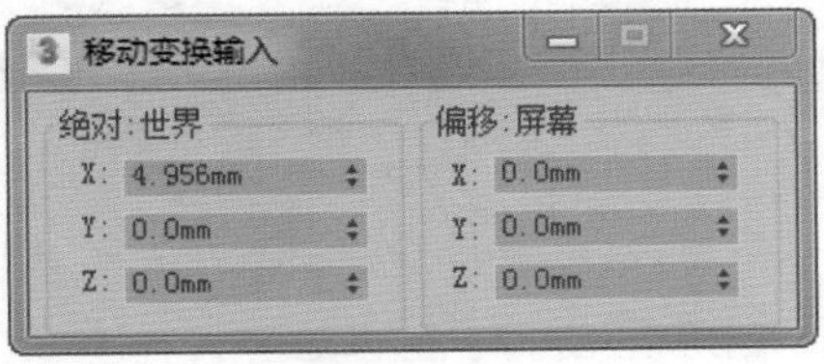

图2-9　"移动变换输入"对话框

● 在右侧"屏幕"坐标系中，X轴后面的文本框中输入50并按【Enter】键确认。

● 世界：表示坐标的计算关系是绝对坐标，在确定向右移动50个单位时，需要与现有的数字相加。如果使用世界坐标时，则需要输入54.956。

● 屏幕：表示坐标的计算关系是相对坐标，在进行位置移动时，不需要考虑物体现在的坐标是在哪个位置。只需确认从当前点相对移动了多少数值。

🔘 技巧说明

在屏幕坐标系中，数据的正负表示方向不同，并不是数值的大小。在单视图中，X轴向右为正方向，向左为负方向。Y轴向上为正方向，向下为负方向。Z轴靠近视线为正方向，远离视线为负方向。在透视图中时，需要看坐标轴图标箭头的方向。

选择并移动工具，通常结合"对象捕捉"工具来使用，后面有详细讲解，在此不赘述。

2. 选择并旋转工具 ↻

快捷键为【E】键，通过该工具可以实现物体选择和旋转操作。在旋转物体时，以锁定的轴向为旋转控制轴。为了更好地确定锁定轴向时，可以通过坐标轴图标的颜色来判断。红色对应X轴，绿色对应Y轴，蓝色对应Z轴，黄色为当前锁定轴，如图2-10所示。

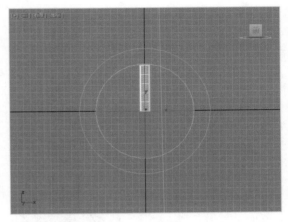

图2-10　锁定轴向

坐标轴图标的大小调节和精确旋转等操作，与"选择并移动"的操作类似，在此不赘述。

选择并旋转工具，通常结合"角度捕捉"工具来使用，后面有详细讲解，在此不赘述。

3. 选择并缩放工具 ▣

快捷键为【R】键，可以将选择的物体进行等比例、非等比例和挤压等操作。

选择该工具后，在物体上单击并拖动鼠标即可实现缩放操作。等比例缩放和非等比例缩放的区别是，鼠标悬停在坐标轴图标的位置不同，如图2-11所示。

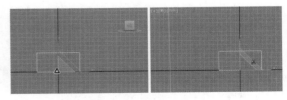

图2-11　等比例缩放和非等比例缩放

4. 选择并放置工具

使用选择并放置工具，可以将选择的物体精确地放置到选择的曲面物体上，类似于"自动栅格"工具。分为移动和旋转两种操作方式，将鼠标置于工具图标上单击，可以在弹出的下拉列表中选择。

选择并移动放置

在场景中创建曲面物体和需要旋转的物体，选择物体，单击主工具栏中的"选择并放置"图标，单击并拖动到曲面物体表面，选择合适的放置位置，如图2-12所示。

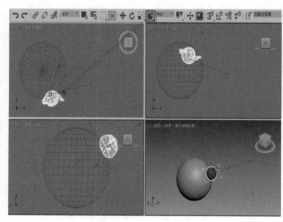

图2-12　选择并放置

选择并旋转放置

选择需要在曲面物体上旋转角度的物体，在主工具栏中选择工具，鼠标在物体上单击并拖动，实现物体在曲面上的自由旋转，此时，控制的视图方式自动切换到"局部"方式，如图2-13所示。

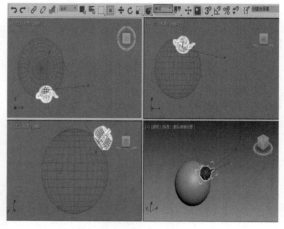

图2-13　选择并旋转放置

2.1.5　捕捉设置　▼

提到捕捉工具，其实并不陌生。在AutoCAD软件中进行图形绘制时，捕捉工具可以实现精确的绘制。在3ds Max软件中，捕捉工具包括"对象捕捉"、"角度捕捉"和"百分比捕捉"三个工具，"百分比捕捉"平时应用较少，在此，仅介绍"对象捕捉"和"角度捕捉"的使用方法。

1. 对象捕捉

对象捕捉快捷键为【S】键，根据设置的捕捉内容，进行2D、2.5D和3D捕捉。按住【S】键不放，从中选择捕捉类型。

捕捉设置

将鼠标置于 按钮后右击，在弹出的界面中，设置捕捉内容，如图2-14所示。

参数说明

● 栅格点：在单视图中，默认的网格线与网格线的交点。

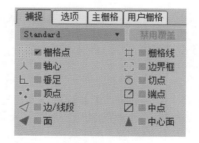

图2-14　捕捉内容

● 轴心：设置该选项后，对象捕捉时，捕捉对象的轴心。

● 垂足：用于捕捉绘制线条时的垂足，适

用于线条绘制。

● 顶点：用于捕捉物体的顶点。与"端点"不同的是，可以捕捉两个物体重叠部分的交点。

● 边/线段：用于设置捕捉对象的某个边或段，平时应用较少。

● 面：用于设置捕捉"三角形"的网格片，在编辑网格或编辑多边形时使用。

● 栅格线：用于设置捕捉栅格线，即网格线。

● 边界框：选中该选项后，捕捉物体的外界边框线条。

● 切点：用于捕捉绘制线条时的切点，适用于绘制。

● 端点：用于设置捕捉对象的端点。

● 中点：用于设置捕捉对象的中间点。

● 中心面：用于设置捕捉"三角形"网格片的中心点。

> **技巧说明**
>
> 2D、2.5D和3D关系如下。
>
> 2D：是指根据设置的捕捉内容，进行二维捕捉，适用于顶视图使用。
>
> 2.5D与3D的区别：设置完捕捉内容后，是否约束Z轴。约束Z轴的为3D捕捉，不约束Z轴的为2.5D捕捉。

2. 角度捕捉

角度捕捉快捷键为【A】键，根据设置的角度，进行捕捉提示。当设置为30°时，在旋转过程中，遇到30的整数倍，如30°、60°、90°或120°时，都会锁定和提示。通常与"选择并旋转"工具一起使用。

将鼠标置于 按钮上，右击，在弹出的界面中，设置角度数值，如图2-15所示。

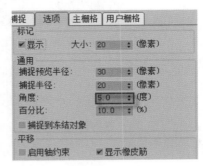

图2-15　角度捕捉

2.2 | 复制和群组

"复制"就是"克隆"，通过复制的方法可以迅速创建多个相同或类似的物体。在3ds Max 中提供了多种复制对象的方法，如变换复制、阵列复制、镜像复制等方法。

2.2.1 变换复制 ▼

按住【Shift】键的同时，移动、旋转或缩放物体，可以实现物体的复制操作，如图2-16所示。

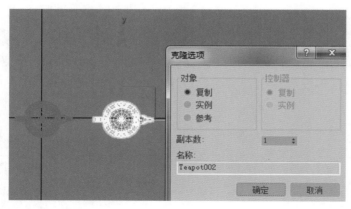

图2-16　复制

【克隆选项】对话框中各选项的含义。

● 复制：生成后的物体与原物体之间无任何关系，适用于复制后没有任何关系的物体。

● 实例：生成后的物体与原物体之间相互影响。更改原物体将影响生成后的物体，更改生成后的物体将影响原物体。在灯光复制时，适用于同一个开关控制的多个灯之间的复制。

● 参考：参考的选项物体之间的关联是单向的，即原物体仅影响生成后的物体。反之无效。

● 副本数：用于设置通过复制后生成的个数，不包含原来物体。复制后物体总共的个数，是指副本数加上原来物体个数。

● 名称：用于设置复制后物体的名称，可以实现经过复制后物体改名的操作。

◯ 技巧说明

　　物体复制的相互关联属性，通常是指更改物体基本参数时会发生变化，如尺寸大小、添加编辑命令等操作。对于更改颜色将不会发生变化，因为物体的颜色只是随机分配的，渲染出图时，物体需要材质来体现。

2.2.2　阵列复制　▼

　　通过"变换复制"的方法固然方便快捷，但是很难精确设置复制后物体之间的位置、角度和大小等方面的关系。因此，可以通过"阵列复制"来解决这些不足。阵列复制可以将选择的物体，进行精确的移动、旋转和缩放等复制操作。

1. 基本操作

　　在选择要复制的物体，执行【工具】菜单/【阵列】命令，弹出"阵列"对话框，如图2-17所示。

图2-17　阵列复制

2．参数说明

● 增量：用于设置单个物体之间的关系。例如，在移动复制时，每个物体与每个物体之间的位置关系。

● 总计：用于设置所有物体之间的关系。例如，在移动复制时，总共5个物体，从第1个到最后1个物体之间总共移动200个单位。通过单击 ◀ 移动 ▶ 按钮来切换设置的是增量还是总计参数。

● 对象类型：用于设置复制物体之间的关系，分为复制、实例和参考。

● 阵列维度：用于设置物体经过一次复制操作后，物体的扩展方向。分为1D、2D和3D，即线性、平面和三维。2D和3D所实现的效果，完全可以通过1D进行两次和三次的操作来实现。

● 预览：单击该按钮后，阵列复制后的效果，可以在场景中进行预览。

● 重置所有参数：在3ds Max软件中，阵列工具默认时，记录上一次的运算参数。因此，再次使用阵列复制时，应根据实际情况是否单击该按钮。

3．阵列应用：直形楼梯

01 执行【自定义】菜单/【单位设置】命令，在打开的对话框中将单位改为mm。在顶视图中创建长方体，长度为1600mm，宽度为300mm，高度为150mm，如图2-18所示。

图2-18　创建长方体

02 将操作视图切换为前视图（鼠标光标置于前视图中右击），执行【工具】菜单/【阵列】命令，在弹出的界面中，设置参数，单击"确定"按钮后，得到阵列复制后的效果，如图2-19所示。

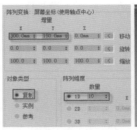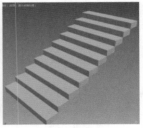

图2-19　设置参数

03 在顶视图中创建圆柱体，半径为10mm，高度为700mm，其他参数保持默认。按【S】键，开启"对象捕捉"，在捕捉方式中选择 按钮，在对象捕捉选项界面中，选择"中点"选项，在前视图中调节圆柱与踏步的位置关系，如图2-20所示。

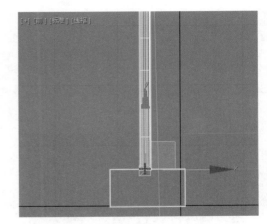

图2-20　调节圆柱位置

04 执行【工具】菜单/【阵列】命令，在弹出的界面中，单击"确定"按钮即可，参数保持与楼梯复制的一致，得到栏杆效果，如图2-21所示。

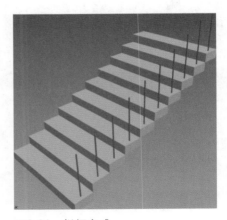

图2-21　栏杆完成

05 在左视图中创建圆柱体物体作为楼梯扶手，半径为30mm，高度约为3 500mm。在前视图中，通过"移动"和"旋转"的操作，调节扶手位置，如图2-22所示。

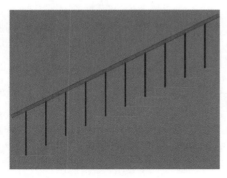

图2-22　扶手创建完成

06 扶手在前视图调节好其中一端的位置后，在"命令"面板的"修改"选项中，根据需要更改高度数值。直到合适为止。选择全部的栏杆和扶手物体，在左视图或顶视图中，按住【Shift】键的同时移动物体进行复制操作，得到最后楼梯效果，如图2-23所示。

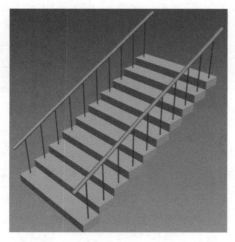

图2-23　楼梯结果

> **注意事项**
>
> 在进行阵列复制时，对于相同的结果，操作时选择的视图不同，轴向也会不同。即楼梯复制时，在前视图中为X轴和Y轴；若选择了左视图，轴向为Y轴和Z轴；若选择了顶视图，轴向为X轴和Z轴。因此，在进行阵列复制前，需要根据复制后的结果，选择视图和轴向。

4．更改轴心

在进行旋转复制操作时，默认以轴心为旋转的控制中心，因此，在进行旋转阵列复制前，根据实际需要更改对象的轴心默认位置，如图2-24所示。

图2-24　默认旋转复制

01 利用 ✛ 工具选择物体，在"命令"面板中，切换到"层次"选项，单击"仅影响轴"按钮，如图2-25所示。

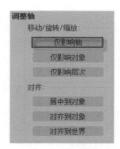

图2-25　"仅影响轴"按钮

02 在视图中，使用 ✛ 工具移动轴心，轴心移动完成后，需要再次单击"仅影响轴"按钮，将其关闭。更改完轴心后，再进行旋转阵列复制，可以得到正确的阵列结果，如图2-26所示。

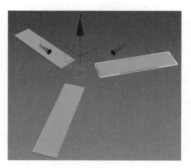

图2-26　旋转阵列

2.2.3 路径阵列 ▼

路径阵列也称"间隔工具",将选择的物体,沿指定的路径进行复制,实现物体在路径上的均匀分布。

01 创建需要分布的物体对象,在视图中绘制二维图形作为分布的路径线条,如图2-27所示。

图2-27 创建物体和路径

02 选择球物体,执行【工具】菜单/【对齐】/【间隔工具】命令或按【Shift+I】组合键,弹出

"间隔工具"窗口,单击 ▣ 拾取路径 按钮,在视图中选择路径物体,设置【计数】选项中的个数,设置物体复制类型,单击 ▣ 应用 按钮,单击 ▣ 关闭 按钮,完成路径阵列复制,如图2-28所示。

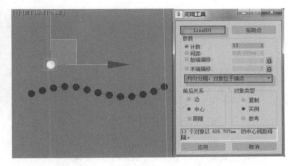

图2-28 间隔工具

2.2.4 镜像复制 ▼

镜像复制可以将选择的某物体,沿指定的轴向执行翻转或翻转复制,适用于制作轴对称的造型。

1. 基本步骤

选择需要镜像的物体,单击主工具栏中的 ▣ 按钮,或执行【工具】菜单/【镜像】命令,弹出"镜像"对话框,根据实际需要设置参数,如图2-29所示。

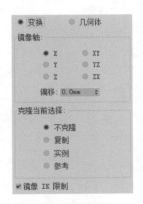

图2-29 镜像复制

2. 参数说明

● 镜像轴:是指在镜像复制时,物体翻转的方向,并不是指两个物体关于某个轴对称。

● 偏移:是指镜像前后,轴心与轴心之间的距离,并不是物体之间的距离。

● 克隆当前选择:用于设置镜像的选项。若为"不克隆"时,选择的物体仅进行翻转,原物体发生位置变化。其他选项与前面相同,不赘述。

● 镜像IK限制:用于设置角色模型时,镜像复制过程中,IK是否需要设置。

● 变换:默认的镜像方式,可以对选择的物体实现镜像复制。

● 几何体:类似于对选择的物体添加"镜像"编辑命令,实现物体自身的镜像。

2.2.5 对齐 ▼

在 3ds Max 软件中，对齐工具的主要作用是通过 X 轴、Y 轴和 Z 轴，确定三维空间中两个物体之间的位置关系。使用对齐、对象捕捉和精确移动，可以实现精确建模。因此，在基本操作中，对齐在精确建模方面起到很重要的作用。

1. 基本步骤

`01` 在 3ds Max 场景中，创建球体和圆锥体两个物体，通过对齐工具，将球体置于圆锥上方，如图 2-30 所示。

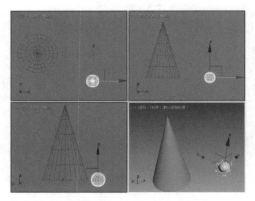

图2-30　创建物体

`02` 选择球体，单击主工具栏中的■按钮，或按【Alt+A】组合键，鼠标光标靠近另外物体，呈现变形和名称提示时单击，弹出对齐当前选择对话框，设置参数，选择 X 轴，当前对象为"中心"，目标对象为"中心"，单击"应用"按钮。选择 Y 轴，当前对象为"最小"，目标对象为"最大"，单击"应用"按钮。选择 Z 轴，当前对象为"中心"，目标对象为"中心"，单击"确定"按钮。完成对齐，如图 2-31 所示。

2. 参数说明

● 当前对象：在进行对齐操作时，首先选择的物体为当前对象。

● 目标对象：选择对齐工具后选择的另外物体。

● 最小：选择对齐方式为最小，即 X 轴方向，最小为左侧；Y 轴方向，最小为下方；Z 轴方向，最小为距离观察方向较远的位置。

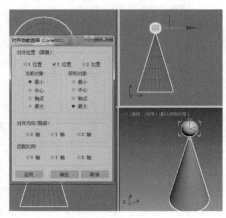

图2-31　对齐界面

● 中心：确定两个物体的中心对齐方式。

● 轴点：确定两个物体的对齐方式以轴心为参考标准。

● 最大：选择对齐方式为最大。与最小相反，即 X 轴方向，最大为右侧；Y 轴方向，最大为上方；Z 轴方向，最大为距离观察方向较近的位置。

> **⊙ 注意事项**
>
> 在进行对齐过程中，对齐的轴向与选择的当前操作视图有关。例如，选择左视图进行对齐，球体和圆锥的关系，X 轴和 Z 轴，当前对象为"中心"，目标对象为"中心"；Y 轴，当前对象为"最小"，目标对象为"最大"。在对齐过程中，选择的当前物体模型，会发生位置的变化。

2.2.6　群组和选择集　▼

在日常对模型物体进行编辑时，通常将组成某个模型的多个物体，对它们执行"选择集"或"群组"操作。通过选择集操作，可以将多个物体临时组合起来，方便通过名称来实现选择。通过群组，可以将多个模型组成集合，进行打开、编辑、添加和分离等操作。

1. 选择集

选择集功能位于主工具栏中，用于定义或选择已命名的对象选择集。若对象选择集已经命名，那么在此下拉列表中选中该选择集的名称，即可选中选择集包含的所有对象。

当场景中的模型较多时，为了方便快速选择具有某些特征或类别的物体时，可以先创建"选择集"，再次选择该集时，快捷方便。

创建选择集

选择需要建立集合的物体，将鼠标光标定位于主工具栏的 [创建选择集 ▾] 按钮上，直接输入该选择集的名称，并按【Enter】键，完成创建选择集操作。

编辑选择集

通过主工具栏中的 按钮，对已存在的选择集进行编辑，可以对已有的选择集进行重命名、添加和删除等操作，如图 2-32 所示。

图2-32　命名选择集

2. 群组

在对 3ds Max 软件进行操作时，将经常用的多个模型进行群组，方便再次进行编辑。进行群组操作时，主要通过【组】菜单进行，如图2-33所示。

图2-33　组操作

● 组：将选择的多个物体建立成组，方便选择和编辑。

● 解组：将选择的组物体，分解成单一的个体物体。

● 打开：将选择的组打开，方便进行组内物体编辑。组内物体编辑完成后，需要将组关闭。

● 附加：将选择的物体，附加到一个组物体中。与分离操作结果相反。

● 炸开：将当前组中的物体，包括单物体和组物体，彻底分解为最小的单个物体。

● 集合：用于对当前组合中的子组物体进行编辑。

2.3 实战案例——课桌造型

通过本章所介绍的内容，希望广大读者能够掌握以下操作案例，通过案例的操作和练习，更好地掌握和熟悉当前章节的知识点。由于课桌造型最后还需要通过渲染操作，才显示最终的材质效果，因此，在本案例中，只需进行建模操作即可。

通过前面基础操作和功能的学习，制作简易课桌模型，如图2-34所示。

图2-34　课桌实例

2.3.1　单位设置　▼

执行【自定义】菜单/【单位设置】命令，将3ds Max软件的默认单位改为mm，在顶视图中创建长方体，长度为400mm，宽度为1 200mm，高度为20mm；在左视图中创建长方体作为桌腿，长度为700mm，宽度为400mm，高度为20mm，如图2-35所示。

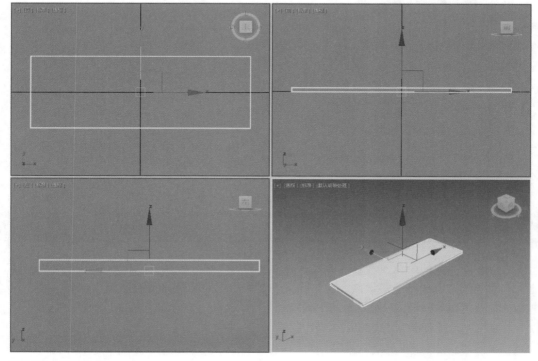

图2-35　创建物体

2.3.2　调节位置 ▼

01 按【S】键，启动对象捕捉，将捕捉类型设置为 3° 按钮状态，设置捕捉方式为"端点"选项，使用 ✛ 工具，在前视图中，调节桌腿与桌面位置，如图2-36所示。

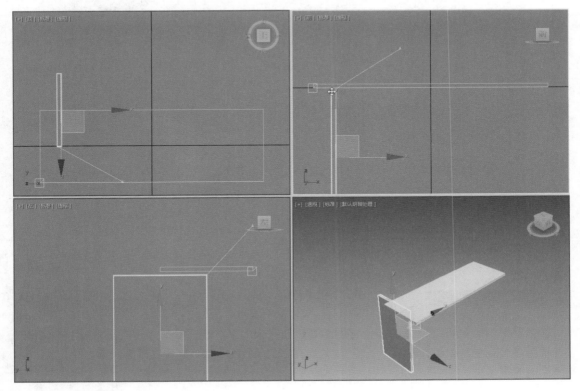

图2-36　端点捕捉

02 按【F12】键，在弹出的界面中，选择右侧屏幕坐标系方式，在X轴中输入30并按【Enter】键，如图2-37所示。

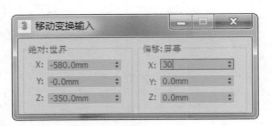

图2-37　设置X轴数值

03 按住【Shift】键的同时，在前视图中移动桌腿，进行复制。先将桌腿捕捉到端点，然后按【F12】键，在弹出的界面中，向左侧移动30个单位，最后得到课桌效果，如图2-38所示。

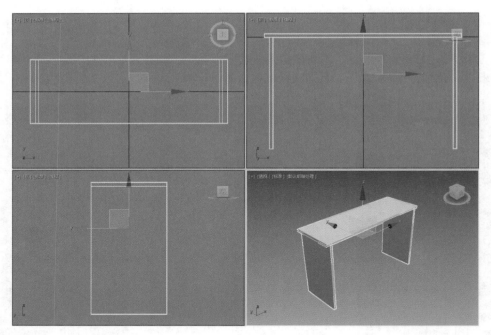

图2-38　桌部效果

2.3.3　制作桌板 ▼

　　在前视图中，选择上面桌面，按【Ctrl+C】和【Ctrl+V】组合键，进行原地复制。按【F12】键，在屏幕坐标系中，Y轴数据中，输入﹣200并按【Enter】键，将长方体的长度改为1100mm，如图2-39所示。

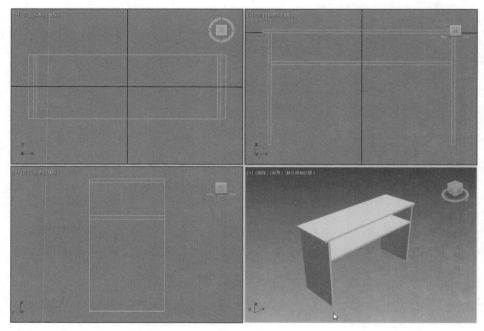

图2-39　斗部效果

2.3.4 制作中间隔板 ▼

在前视图中创建长方体，作为中间的隔板，长度为180mm，宽度为20mm，高度为400mm，生成中间隔板造型，如图2-40所示。

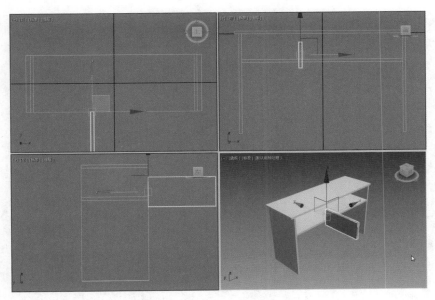

图2-40 中间隔板

2.3.5 再次调节位置 ▼

按【S】键启动对象捕捉，选择3²方式，将捕捉选项设置为"中点"选项，在前视图中调节隔板与桌面的位置关系。在调节位置时，按【G】键，将网格线关闭，如图2-41所示。

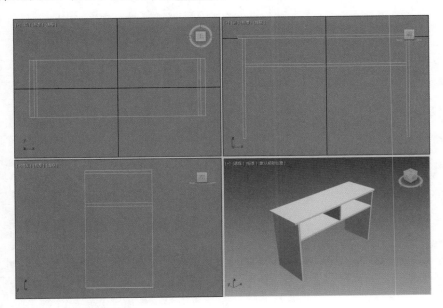

图2-41 隔板位置确定

2.3.6 进行群组 ▼

课桌的各个部位创建完成后，将其全部选中，执行【组】菜单/【组】命令，得到最后课桌选型，如图2-42所示。

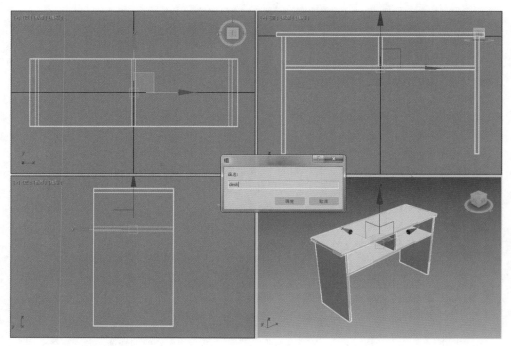

图2-42 课桌效果

第 3 章

三维编辑

本章要点：

① 编辑器配置

② 常用三维编辑命令

③ 实战案例

在日常建模时，常见几何体模型可以通过软件本身提供的工具来生成，如标准基本体、扩展基本体等。对于在基本模型的基础上，添加部分编辑命令可以实现的造型，则需要在选定的物体上添加三维编辑命令，制作符合要求的物体造型。在3ds Max软件中，常见的编辑命令有很多，包括二维命令、三维命令和高级建模等，本章主要介绍三维编辑命令。

3.1 编辑器配置

编辑器是三维设计中常用的对象编辑工具，可以对物体的模型进行编辑调整，以获得我们想要的更为复杂的物体造型。

3.1.1 基本操作和认识 ▼

在视图中创建物体，选择物体，在"命令"面板中，单击 按钮切换到"修改"选项，单击 按钮，在列表中选择需要添加的命令，还可以对已添加的命令进行展开编辑。

1. 修改器面板

通过"修改器"菜单或"修改器"面板，可以为当前选择物体添加编辑命令。

"修改器列表"用于为选中的物体添加修改命令，单击该按钮，在打开的下拉列表中，添加所需的命令。当一个物体添加多个修改命令时，集合为修改器堆栈。只有堆栈列表中包含的命令或物体，可以随时返回未添加命令参数状态，如图3-1所示。

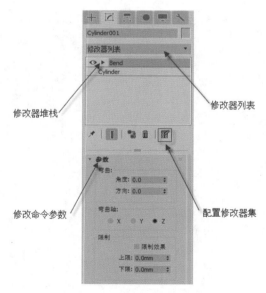

图3-1 修改器列表

2. 功能说明

● 锁定堆栈 ：保持选择物体修改器的激活状态，即在变换选择的物体时，修改器面板显示的还是原来物体的修改器，保持默认状态即可。

● 显示最终效果 ：默认为开启状态，保持选中的物体在视图中显示堆栈内所有修改命令后的效果，方便查看某命令的添加对当前物体的影响。

● 使唯一 ：断开选定物体的实例或参考的链接关系，使修改器的修改只应用于该物体，而不影响与它有实例或参考关系的物体。若选择的物体本身就是一个独立的个体，该按钮处于不可用状态。

● 删除命令 ：单击该按钮后，将当前选择的编辑命令删除，还原到以前状态。

● 配置修改器集 ：此按钮用于设置修改器面板以及修改器列表中修改器的显示。

3.1.2 个性化修改器 ▼

修改器堆栈用来显示所有应用于当前物体上的修改命令，通过修改器堆栈对应用于该物体上的修改命令进行管理，如复制、剪切、粘贴、删除编辑命令等操作。

1. 显示按钮

在日常使用过程中，在修改选项中，将常用的编辑命令显示为按钮形式，使用时直接单击按钮，相比在"修改器列表"下拉菜单中查找选择命令方便快捷很多。

单击"修改器"面板中的 按钮，弹出屏幕菜单，选择"显示按钮"命令，如图3-2所示。

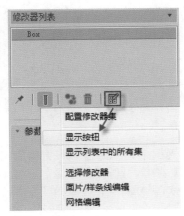

图3-2　"显示按钮"命令

2. 配置命令按钮

与"显示按钮"操作命令相同，再次单击"配置修改器集"选项，在弹出的界面中，在左侧列表中选择编辑命令，单击并拖动到右侧空白按钮中。若拖动到已有名称的按钮，则会覆盖编辑命令，通过"按钮总数"可以调节显示命令按钮的个数，如图3-3所示。

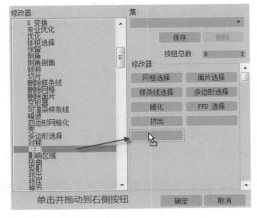

图3-3　配置命令按钮

3.2　常用三维编辑命令

在 3ds Max 软件中，包含了 100 多个编辑命令，有的编辑命令适用于三维编辑，如弯曲、锥化等；有的编辑命令适用于二维编辑，如挤出、车削等。下面先介绍常用的三维编辑命令。

3.2.1　弯曲 ▼

弯曲命令用于将物体沿某一方向轴进行弯曲操作，实现整个物体的弯曲效果，其弯曲的效果就如同我们手指的自然弯曲。

1. 基本操作

在顶视图中，创建圆柱体并设置基本尺寸。选中圆柱体，按数字【1】键，直接切换到"命令"面板的"修改"选项，单击 修改器列表 按钮，在下拉列表中选择"弯曲"命令，如图3-4所示。

2. 参数说明

● 角度：用于设置物体执行弯曲操作后，上下截面延伸后构成的夹角角度。

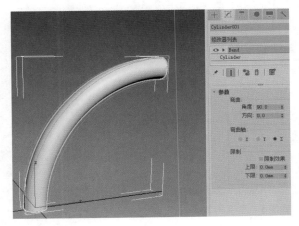

图3-4　弯曲

● 方向：用于设置物体弯曲的方向。在进行更改时，以90的倍数进行更改，如90或-90。

● 弯曲轴：用于设置物体弯曲的作用方向轴。对于选择的物体来讲，只有一个方向轴是合适的，以不扭曲变形为原则。

● 限制：用于设置物体弯曲的作用范围。默认整个选择的物体都执行弯曲操作。通过限制可以设置弯曲命令影响当前选择物体的某一部分。

● 上限：用于设置选择物体轴心0以上的部分，受弯曲作用的影响。

● 下限：用于设置选择物体轴心0以下的部分，受弯曲作用的影响。设置上限或下限时，需要勾选"限制效果"复选框。

注意事项

在进行弯曲操作时，下限的部分是指从轴心0往下，通常为负数。在更改时，除了输入负数外，还需要将修改器列表中"Bend"前面的"+"展开，选择"Gizmo"选项，在视图中移动Gizmo位置，更改变换的轴心。

3. 实战应用：旋转楼梯

01 在顶视图中创建长方体作为楼梯的踏步，长度为2 000mm，宽度为300mm，高度为150mm。在顶视图创建圆柱体作为楼梯栏杆，半径为10mm，高度为700mm，如图3-5所示。

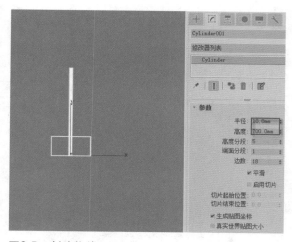

图3-5　创建物体

02 切换前视图为当前视图，选择圆柱体物体，单击主工具栏中的■按钮或按【Alt+A】组合键，在前视图中执行对齐操作，如图3-6所示。

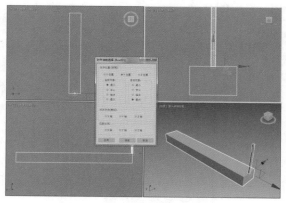

图3-6　对齐

03 在前视图中，同时选择长方体和圆柱，执行【工具】菜单/【阵列】命令，在弹出的界面中设置参数，如图3-7所示。

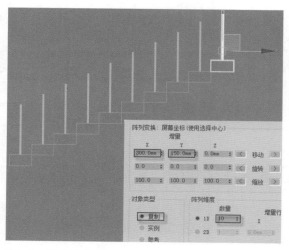

图3-7　阵列参数

04 在左视图中创建圆柱体作为楼梯扶手，半径为25mm，高度约为3000mm，高度分段为50。在"命令"面板的"修改"选项中，添加"弯曲"命令，设置命令参数，如图3-8所示。

05 在前视图中，通过"旋转"和"移动"等操作，调节扶手的位置。当圆柱体高度尺寸不够时，在"修改堆栈"中单击列表中的"Cylinder"，返回圆柱物体，更改高度参数。在左视图中，将扶手与已经绘制完成的栏杆造型执行X轴中心对齐，如图3-9所示。

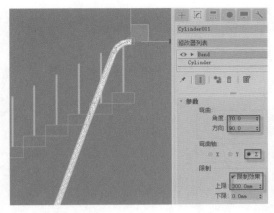

图3-8 添加"弯曲"命令

06 在左视图中，选择栏杆和扶手物体，按住【Shift】键的同时移动物体，复制楼梯的另外一侧造型。选择所有物体，在"命令"面板中，添加"弯曲"命令，设置参数，生成旋转楼梯造型，如图3-10所示。

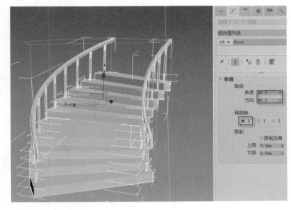

图3-10 旋转楼梯

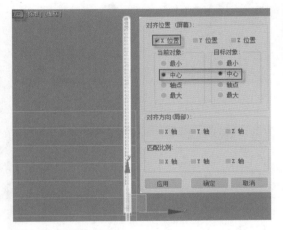

图3-9 左视图对齐

3.2.2 锥化 ▼

锥化命令用于将选择的三维物体进行锥化操作，即对模型上截面执行缩放或中间造型的曲线化操作。

1. 基本操作

在顶视图中，创建长方体物体，长度为60mm，宽度为60mm，高度为40mm。按数字【1】键，切换到"修改"选项，单击 修改器列表 按钮，在弹出的列表中选择"锥化"命令，如图3-11所示。

2. 参数说明

● 数量：用于设置模型上截面的缩放程度。当为-1时，上截面缩小为一个点。

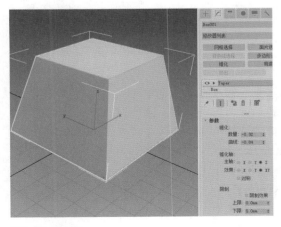

图3-11 锥化

● 曲线：用于控制模型中间的曲线化效果。当为正数时，中间侧面凸出；为负数时，中间侧面凹进。若调节曲线参数时，出现橙色变换线框，而模型没有变化，则说明物体的锥化方向段数不足。在修改器堆栈中返回原物体，更改分段数即可。

● 锥化轴：用于设置锥化的坐标轴（主轴）和产生效果的轴（效果）。

● 限制：用于设置锥化的作用范围。与"弯曲"命令中的限制类似，在此不赘述。

3. 实战应用：桥栏杆

01 执行【自定义】菜单 /【单位设置】命令，将 3ds Max 软件单位设置为 mm。在顶视图中，创建长方体物体，长度为 500mm，宽度为 500mm，高度为 100mm，如图 3-12 所示。

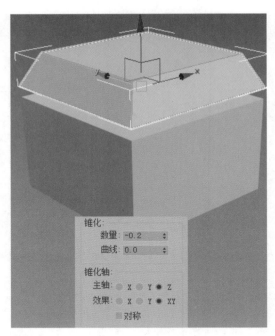

图3-13 锥化长方体

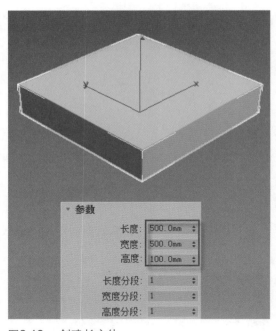

图3-12 创建长方体

02 在前视图中，选择长方体，按住【Shift】键的同时向下移动，复制生成长方体，将高度改为 300mm。选择上方原来的长方体，添加"锥化"命令，更改参数，如图 3-13 所示。

03 在前视图中，选择下方的长方体，按住【Shift】的同时向下移动复制长方体，将生成后的长方体高度更改为 300mm，高度分段更改为 15。添加"锥化"命令，设置参数，如图 3-14 所示。

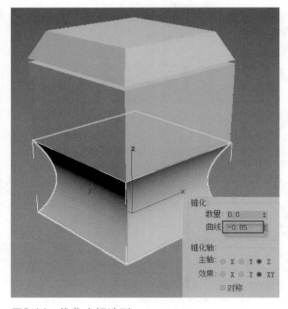

图3-14 锥化中间造型

04 在前视图中，选择从上面开始的第二个长方体，按住【Shift】键的同时向下移动复制长方体，将高度改为 2 000mm。在前视图中，通过"对齐"工具，将 4 个长方体确定 Y 轴位置关系。按【Ctrl+A】组合键，选择所有物体，执行【组】菜单 /【组】命令，如图 3-15 所示。

图3-15　成组

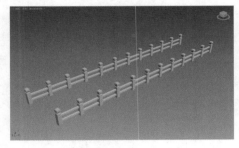

图3-16　桥栏杆

05　在前视图中，按住【Shift】键的同时移动组对象，执行复制操作。在左视图中，创建长方体作为中间的横栏造型，在前视图中，选择右侧桥栏杆和中间两条横栏物体，按住【Shift】键的同时向右移动，复制多个栏杆和横栏。生成一侧桥栏杆，再复制生成另外一侧。最后得到桥栏杆效果，如图3-16所示。

3.2.3　扭曲 ▼

　　"扭曲"命令用于对选中的物体，通过旋转截面来实现物体扭曲的效果，即以选择物体的某个轴为中心，通过旋转物体截面来改变形状。扭曲生成的造型，不适合在装饰效果图中使用。因为软件设计模型相对容易，而在实际装饰时，仍需要考虑到后期施工的难易程度。所以，通常用于动画中的某些造型。

1. 基本操作

　　在顶视图中创建长方体物体，长度为20mm，宽度为60mm，高度为200mm，高度分段为30，选择长方体，按数字【1】键，切换到"修改"选项，单击 修改器列表 按钮，在弹出的下拉列表中，选择"扭曲"命令，设置参数，如图3-17所示。

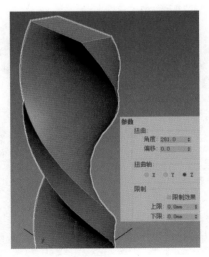

图3-17　扭曲效果

2. 参数说明

● 角度：用于设置物体沿扭曲轴旋转的角度。

● 偏移：用于设置扭曲的趋向。以基准点为准，通过数值来控制扭曲是向基准点聚拢还是散开。数值为正数时表示聚拢，数值为负数时表示散开。

● 扭曲轴：用于设置扭曲的操作轴。与前面的三维编辑命令类似，同样也只有一个方向轴是合适的。

● 限制：用于设置扭曲的作用范围。与"弯曲"命令类似，在此不赘述。

3. 实战应用：冰激凌

01　在"命令"面板中，利用 类型中的 星形 按钮，在顶视图中单击并拖动，创建星形物体，设置参数，如图3-18所示。

02　在"命令"面板中，单击 按钮，切换到"修改"选项，单击 按钮，在下拉列表中选择"挤出"命令，设置参数，如图3-19所示。

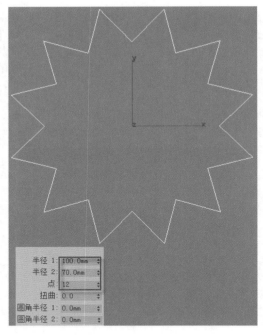

图3-18 创建星形

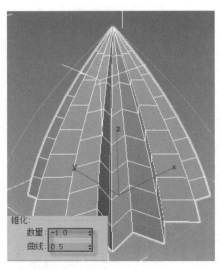

图3-20 锥化模型

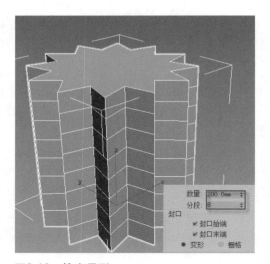

图3-19 挤出星形

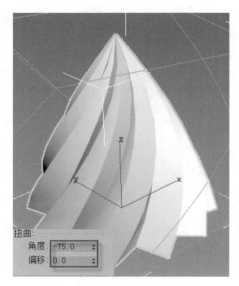

图3-21 添加"扭曲"命令

03 在命令面板的"修改"选项中,继续添加"锥化"命令,设置参数,如图3-20所示。

04 在命令面板的"修改"选项中,添加"扭曲"命令,设置参数,如图3-21所示。

05 在命令面板的"修改"选项中,再次添加"弯曲"命令,对造型进行适当弯曲操作,设置参数,如图3-22所示。

图3-22 最后造型

3.2.4　晶格　▼

晶格也称"结构线框"命令，根据物体的分段数，将模型执行线框或线框加节点的显示效果。

1．基本操作

在场景中选择已经编辑过的物体模型，切换到"命令"面板的"修改"选项，添加"晶格"命令，设置参数，如图3-23所示。

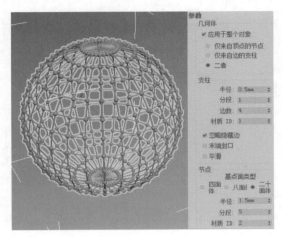

图3-23　晶格显示

2．参数说明

● 几何体：设置"晶格"命令的应用范围，可以从中选择"仅来自顶点的节点"、"仅来自边的支柱"或"二者"。"应用于整个对象"复选框是针对高级建模中的可编辑网格和可编辑多边形对象使用的。

● 支柱：用于设置"线框"的显示效果。

● 节点：用于设置"网格线交点"的显示效果。

● 贴图坐标：用于指定选定物体的贴图坐标。

3．实战应用：纸篓

01　在顶视图中创建圆柱体物体，半径为35mm，高度为100mm，端面分段为2，其他参数保持默认，如图3-24所示。

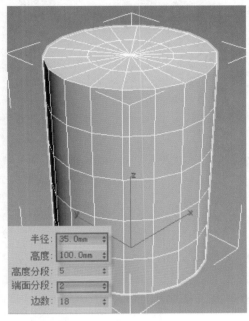

图3-24　创建圆柱

02　选择圆柱体，按数字【1】键，切换到"命令"面板的"修改"选项，单击 修改器列表 ▼ 按钮，在弹出的下拉列表中，选择"锥化"命令，设置参数，如图3-25所示。

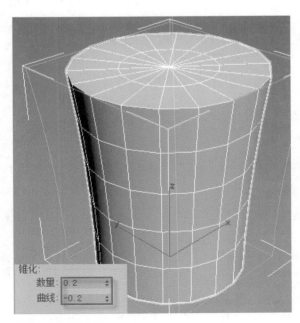

图3-25　添加锥化

03 在"修改"选项中，继续添加"扭曲"命令，设置参数，如图3-26所示。

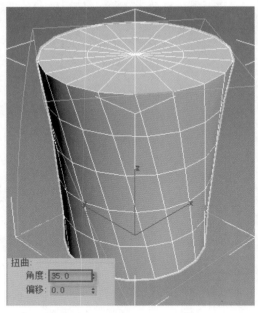

图3-26 添加扭曲

04 将当前视图切换为透视图，右击，在弹出的屏幕菜单中选择"转换为"/"转换为可编辑多边形"命令，按数字【4】键，将编辑方式选择"多边形"方式，勾选"忽略背面"复选框在透视图中，选择上方的所有区域，如图3-27所示。

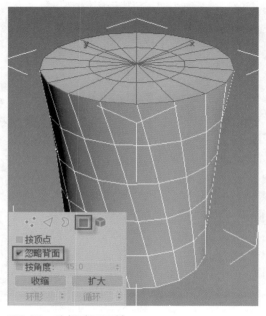

图3-27 选择端面区域

05 按【Delete】键，将其删除。按数字【4】键，退出子编辑，添加"晶格"命令，设置参数，如图3-28所示。

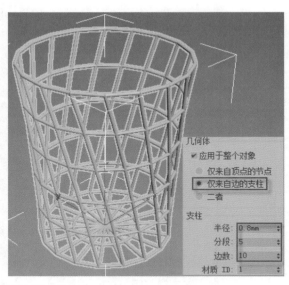

图3-28 晶格

06 将纸篓模型原地"镜像"复制一个，将其旋转，调节垂直方向网格与网格之间的交注，尽量将其连接在一起，实现纸篓造型，如图3-29所示。

图3-29 最后效果

3.2.5　FFD（自由变形）▼

FFD（自由变形）命令是网格编辑中常用的编辑工具。根据三维物体的分段数，通过控制点使物体产生平滑一致的变形效果。FFD（自由变形）命令包括FFD2×2×2、FFD3×3×3、FFD4×4×4、FFD长方体和FFD圆柱体5种方式。

1．基本步骤

首先，在顶视图中创建长方体，在"命令"面板的"修改"选项中，单击 修改器列表 ▼ 按钮，在弹出的下拉列表中，选择FFD（长方体）命令，如图3-30所示。

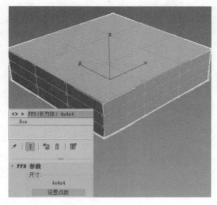

图3-30　FFD长方体

单击"FFD"前的" ▶ "按钮，将其展开，选择"控制点"选项，在视图中选择点，进行移动操作，如图3-31所示。

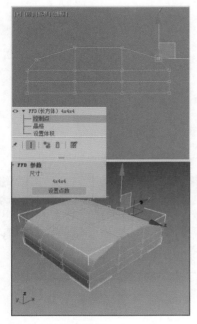

图3-31　FFD编辑

2．实战应用：苹果

01 在顶视图中创建球体物体，半径为40mm，其他参数保持为默认，按数字【1】键，切换到"命令"面板的"修改"选项，添加"FFD（圆柱体）"命令，单击 与图形一致 按钮，如图3-32所示。

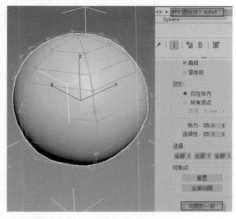

图3-32　单击"与图形一致"按钮

02 当前操作视图切换为前视图，将FFD前的" ▶ "展开，选择"控制点"选项，在前视图中，依次选择球体上面和下面的点，并向中间移动，如图3-33所示。

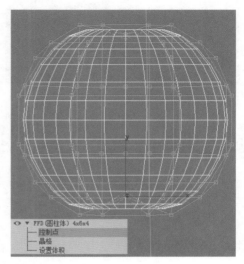

图3-33　移动控制点

03 退出控制点编辑，添加"锥化"命令，设置参数，如图3-34所示。

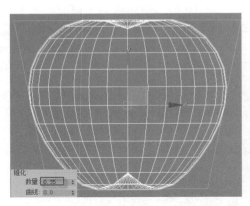

图3-34　锥化

04 在顶视图中，创建圆柱体物体，半径为2mm，高度为35mm，高度分段为10，如图3-35所示。

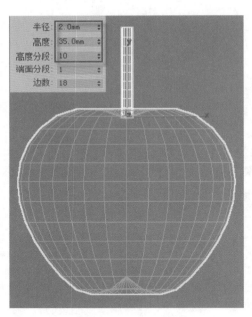

图3-35　创建果柄

05 在"修改"选项中，依次添加"锥化"命令和"弯曲"命令，生成弯曲的果柄效果。调节位置，将果柄与苹果物体同时选中，在顶视图中移动复制多个造型，分别调整不同苹果的摆放角度，生成苹果造型，如图3-36所示。

图3-36　苹果造型

3.3 ▌实战案例——抱枕、办公座椅

根据本章所介绍的内容，希望广大读者能够掌握以下操作案例，通过案例的操作和练习，更好地掌握和熟悉当前章节的知识点。

3.3.1 抱枕 ▼

通过对长方体进行自由编辑、松弛和涡轮平滑等操作，实现抱枕模型。抱枕表面的凹凸效果，可以通过贴图的方式来实现。

01 在顶视图中创建长方体并设置相关参数，如图3-37所示。

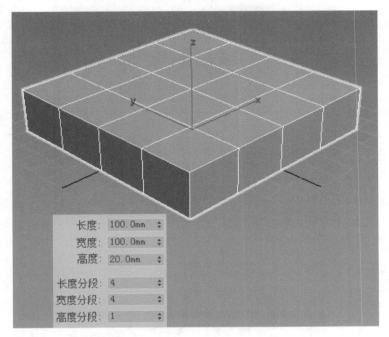

图3-37 创建长方体

02 在"命令"面板的"修改"选项中，添加"FFD（长方体）"编辑命令，将FFD前面的 ▶ 展开，选择"控制点"选项，在顶视图中，分别框选4个角点并调整控制点的位置，如图3-38所示。

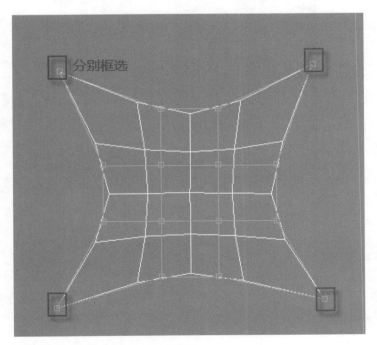

图3-38 调整顶视图中4个角点位置

[03] 退出FFD编辑，在"修改"选项中，添加"松弛"命令，设置参数，如图3-39所示。

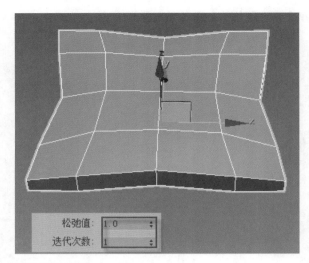

图3-39　松弛

[04] 在"命令"面板中，继续添加"涡轮平滑"命令，设置迭代次数为2，完成抱枕造型，如图3-40所示。

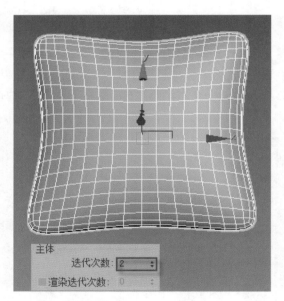

图3-40　涡轮平滑

3.3.2　办公座椅 ▼

通过制作办公座椅案例，熟悉"弯曲"和"FFD"编辑命令。

01 在顶视图中创建"切角长方体"并设置相关参数，如图3-41所示。

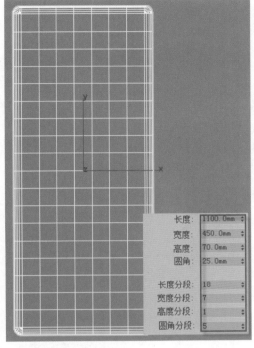

图3-41　倒角长方体

02 在"命令"面板的"修改"选项中，添加"弯曲"命令，并设置相关参数，完成第一次弯曲操作，如图3-42所示。

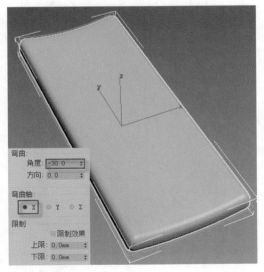

图3-42　弯曲

再次为当前物体添加"弯曲"命令，设置

参数，并通过"弯曲"命令的子编辑"中心"，在左视图中调整其位置，如图3-43所示。

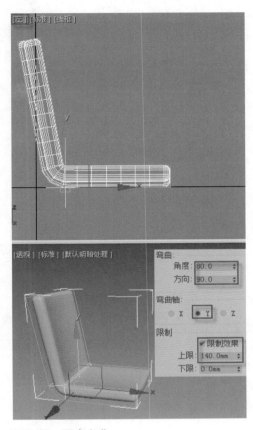

图3-43　再次弯曲

03 在顶视图中创建圆柱体，半径为15，高度为1700，高度分段为40，边数为15，在"命令"面板的"修改"选项中，添加"弯曲"命令，设置参数，如图3-44所示。

再次为当前圆柱添加"弯曲"命令，并设置参数，如图3-45所示。

04 选择已经弯曲后的椅腿造型，在"命令"面板的"修改"选项中，添加"FFD（长方体）"编辑命，设置点数为4×2×4，将FFD前面 ▶ 其展开，选择"控制点"，在视图中调节点的位置，形成扶手部分，如图3-46所示。

退出FFD编辑后，通过"镜像"复制生成另外扶手，也可以使用"FFD"编辑命令对座椅部分进行形状调整，最后生成办公座椅造型，如图3-47所示。

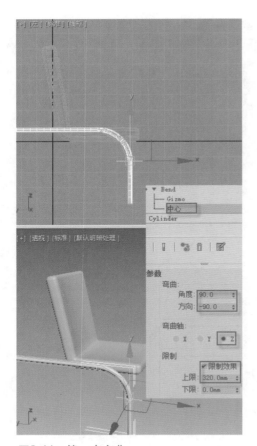

图3-44 第一次弯曲

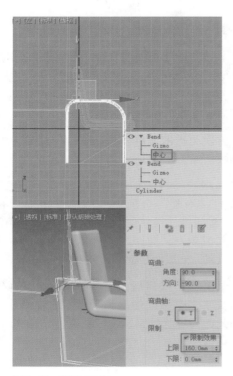

图3-45 再次弯曲

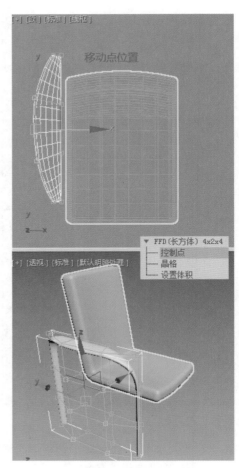

图3-46 调节扶手形状

图3-47 办公座椅

第 **4** 章 二维编辑

本章要点:
1. 二维图形创建
2. 编辑样条线
3. 常见二维编辑命令
4. 实战案例

在日常使用3ds Max软件时,很多物体的模型可以先创建二维图形,再将图形添加"挤出"、"车削"、"倒角"或"倒角剖面"等编辑命令,生成三维模型。

4.1 二维图形创建

二维图形，顾名思义，就是不具有厚度的二维图形。根据二维图形没有厚度的这个特点，在创建二维图形时，只需一个单视图即可。因此，在创建二维图形时，通常会将某一个单视图最大化显示，方便单独对其进行图形编辑。

4.1.1 二维线条创建 ▼

1. 基本步骤

在"命令"面板的"新建"选项中，单击 按钮，切换到图形面板，如图4-1所示。

图4-1 二维图形

选择图形按钮，在视图中单击并拖动即可创建。不同的物体创建方法有所不同，如矩形，在页面中单击并拖动鼠标，通过两个对角点生成矩形，圆环需要单击并拖动多次才能完成。因此，具体的创建方法还需要广大读者去练习

测试。

2. 线

线对象在创建时相对特殊一些，单击"线"按钮后，在"创建方法"选项中设置拖动的类型，按住【Shift】键时，限制水平或垂直方向，右击结束线条绘制，如图4-2所示。

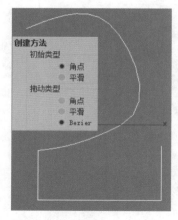

图4-2 创建线条

4.1.2 二维图形参数 ▼

二维线条创建完成后，转换到"修改"选项，查看二维图形对应的参数选项，如图4-3所示。

图4-3 渲染属性

1. 渲染属性

创建的二维线条对象，在默认状态下，按【Shift+Q】组合键执行渲染操作后，二维线条不可见。二维图形在渲染时可见，需要手动进行设置。

● 在渲染中启用：勾选该复选框后，选中的二维线条在渲染时，显示二维线条。

● 在视口中启用：勾选该复选框后，在视图中可以看到样条的实际效果。方便直观地查看二维线条渲染与显示的关系。

● 显示方式：分为径向和矩形，当为"径

向"时，二维线条显示为圆截面，通过"厚度"参数设置线条截面直径。当为"矩形"时，二维线条显示为矩形横截面，通过长度和宽度可以控制矩形横截面的尺寸大小。

2．插值

插值其实是一个数学运算，如在1、3、5、7、9等数字中间置入一个数，让该序列看起来更加平滑一些，需要插入的数字肯定就是2、4、6、8。

通过插值运算，实现序列平滑。在3ds Max中，通过插值，可以将二维线条拐角部分处理得更加平滑。

● 步数：设置线条拐角区域的"分段"数。值越大，效果越圆滑。

● 自适应：勾选该复选框后，线条的拐角处会自动进行平滑。

4.2　编辑样条线

将二维的线条分别进行点、段和线条三种方式的子编辑，对应的快捷键依次为1、2、3。子编辑完成后按对应的数字键，退出子编辑。编辑样条线命令是"线"的默认编辑命令，若选择对象为线条时，按1、2、3数字键，则进入相关的子编辑。编辑样条线命令是整个二维图形的重要编辑命令。

选择创建的二维图形，在视图中右击，在弹出的屏幕菜单中选择"转换为"/"转换为可编辑样条线"命令，如图4-4所示。

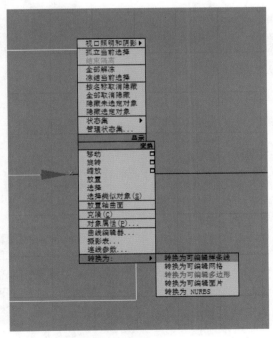

图4-4　转换为可编辑样条线

4.2.1　点编辑 ▼

创建线条时单击的点或二维图形边缘的控制点，在转换为"可编辑样条线"后对它们的编辑都称为点编辑。

1. 点的类型

创建线条时，单击或单击并拖动生成的点类型可以在"创建方法"选项中进行设置，也可以在图形创建完成后对其进行点类型更改。

选择创建的线条，按数字【1】键，切换到点的子编辑。在视图中选择点，右击，在弹出的屏幕菜单中，选择或更改点的类型，如图4-5所示。

图4-5　点类型

● Bezier角点：当点类型为该种类型时，当前点具有两个独立的控制手柄，可以选择手柄单独进行调节，影响线条的曲线效果。

● Bezier：当点的类型为该种类型时，当前点具有两个对称的控制手柄，调节一边手柄，影响整个线条的曲线效果。

● 角点：当点的类型为该种类型时，通过当前点的线条没有曲线状态，由两条直线连接当前点。

● 平滑：当点的类型为该种类型时，通过当前点的线条自由平滑。当前点不能控制线条的平滑程度。

具体显示效果，如图4-6所示。

2. 点的添加与删除

● 删除：在点的方式下，对于多余的控制点，在选择点对象以后，按【Delete】键执行删除操作。

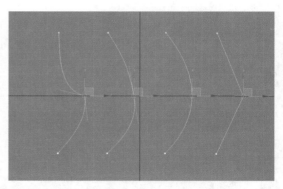

图4-6　4种类型特点

● 添加：在点的方式下，单击 优化 按钮，在线条处，出现鼠标变形提示时单击，实现添加点操作，添加后点的类型与邻边上的两个点类型有关，如图4-7所示。

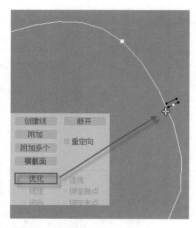

图4-7　优化添加点

3. 点的焊接

在进行样条线编辑时，点的"焊接"使用非常广泛。可以将在同一条线上的两个端点进行"焊接"操作；若要焊接的两个端点不在同一条线上时，则先将两个点各自所在的线条进行"附加"操作，再进行点的焊接。

通过制作心形图案，学习点的焊接操作。

在"命令"面板的"新建"选项中，单击 ⬚ 按钮，从中选择 线 按钮，按【Alt+W】组合键，将当前视图执行最大化显示操作，在视图中单击并拖动鼠标，绘制心形一半形状，调节点类型得到最后图形，如图4-8所示。

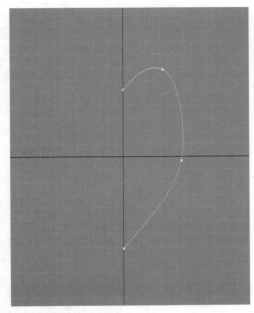

图4-8 绘制一半图形

按数字【1】键，退出点的子编辑，单击主工具栏中的▮按钮，进行"镜像"复制操作，如图4-9所示。

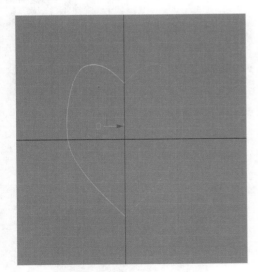

图4-9 镜像复制

调节图形位置，按数字【1】键，进入点的子编辑方式，单击 附加 按钮，在视图中，将鼠标置于另外的线条上，出现鼠标变形提示时单击，完成"附加"操作，如图4-10所示。

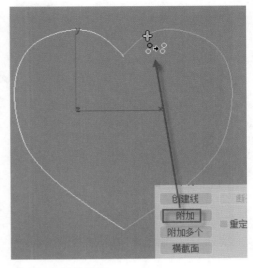

图4-10 线条附加

右击，退出"附加"操作。在页面中，单击并拖动鼠标框选需要焊接的两个点，在"焊接"后面的文本框中输入大于两点间距离的值，两点间的距离可以以网格进行参考，默认两个网格线之间的距离为10个单位。单击 焊接 按钮，如图4-11所示。

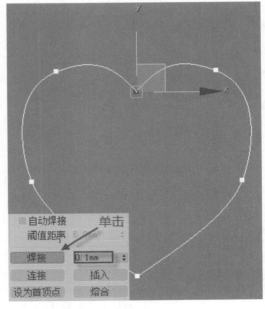

图4-11 完成焊接

用同样的方法，再将上方的两个点进行焊接。若焊接成功后，添加"挤出"命令时，生成的造型为三维模型，如图4-12所示。

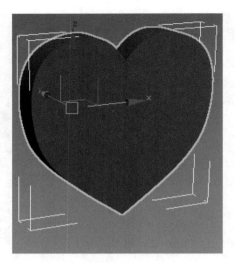

图4-12 心形图案

能来实现，但是容易引起线条严重变形。此时，通过点的"连接"操作，在两个端点之间补足线条，实现两个端点之间的连接。

点的"连接"在使用时，与"焊接"类似，若两个端点在同一条线时，可以直接进行"连接"操作；若两个点不在同一条线时，需要先进行"附加"操作，再进行点的"连接"操作，操作简单，在此不赘述。

5. 圆角、切角

在点的方式下，对选定的点进行圆角或切角操作，方便实现线条形状的编辑。在进行点的圆角或切角操作之前，最好将点的类型改为"角点"，如图4-13所示。

⊙ 注意事项

在3ds Max软件中进行操作时，所有的按钮式命令，如附加、连接、圆角等，命令操作完成后右击，可以直接退出该按钮命令。只有两个按钮命令除外，一个是层次选项中的"仅影响轴"命令，另一个是"编辑多边形"编辑方式中的"切片平面"命令。

4. 点的连接

在进行点编辑时，若两点间的距离较小时，可以直接使用点的"焊接"来实现。若两点间的距离相对较大时，仍然可以使用"焊接"功

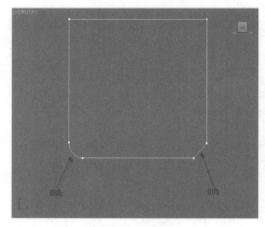

图4-13 圆角、切角

4.2.2 段编辑 ▼

在编辑样条线操作中，两个定位点之间的线条部分称为段。

1. 创建定长度线条

在3ds Max软件中，对于线条的编辑并不是很擅长，要创建水平长度为100个单位的线条时，若用"线"工具创建，则通过参数
▶ 键盘输入 来实现，创建方式不够灵活。在实际操作中，可以直接创建"矩形"，将其一边的长度设置为所需的尺寸，在"段"的编辑下，删除另外的三个边，得到定长度线条。

01 在"命令"面板的"新建"选项中，单击 矩形 按钮，在页面中单击并拖动，生成矩形，设置长度为所需的尺寸，如120mm，如图4-14所示。

长度: 120.0mm
宽度: 90.234mm
角半径: 0.0mm

图4-14 创建矩形

02 选择矩形右击，在弹出的界面中选择"转换为"/"转换为可编辑样条线"命令，按数字【2】键，进入"段"的子编辑。选择另外三个边，按【Delete】键，将其删除，得到所需要垂直方向120mm的线条，如图4-15所示。

如图4-17所示。

图4-15　生成定长度线条

图4-16　拆分

2. 拆分

将选择的段，根据设置的点的个数，进行等分添加点，如图4-16所示。

3. 分离

将选择的段分离出来，生成新的物体。根据后面的复选框，设置分离后的选项，包括"同一图形"、"重定向"和"复制"三种方式，

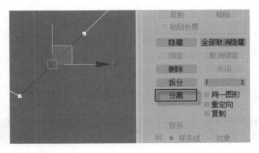

图4-17　分离

4.2.3　样条线编辑 ▼

在进行"编辑样条线"操作时，最常用的操作为"点编辑"和"样条线编辑"。样条线编辑操作，通常用于将AutoCAD文件导入3ds Max软件中，再次进行样条线编辑。

1. 轮廓

对选择的线条进行轮廓化操作，与AutoCAD软件中的"偏移"工具类似，将单一线条生成闭合的曲线；将闭合的曲线进行轮廓化操作，在进行轮廓时，数值的正负表示轮廓的方向不同，勾选 中心 复选框时，以选择的样条线为准，向两侧扩展，如图4-18所示。

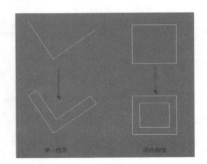

图4-18　轮廓效果

2．布尔运算

将具有公共部分的两个图形，进行"并集"、"减集"和"交集"运算，生成符合要求的二维图形。在进行布尔运算之前，需要先将运算的多个线条执行"附加"操作，如图4-19所示。

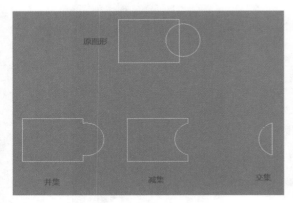

图4-19　布尔运算

3．修剪

将线条相交处多余的部分剪掉，修剪完成后，需要进行点的"焊接"操作，在样条线编辑中使用频率相对较高。

01 选择其中一个线条右击，转换到可编辑样条线操作，按数字【3】键，先将线条执行"附加"操作，单击 修剪 按钮，将鼠标置于线

条上，出现形状变形提示时，单击执行修剪操作，如图4-20所示。

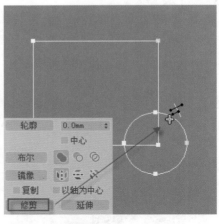

图4-20　修剪

02 修剪完成后，按数字【1】键，切换到点的编辑方式，按【Ctrl+A】组合键，选择所有的点，单击 焊接 按钮，根据默认数值执行点焊接操作即可。

● 布尔与修剪关系：在进行布尔或修剪操作之前，两个对象需要有公共部分；执行完修剪操作后，需要进行点的焊接操作。若两个对象属于包含关系，执行完"附加"操作后，默认为"减集"操作。其他情况的运算都可以使用"修剪"来实现。

4.3 常见二维编辑命令

通过编辑样条线操作，可以创建符合建模要求的线条，将这些线条添加"挤出"、"车削"和"倒角"等命令后，将生成各种各样的模型。

4.3.1 挤出 ▼

将闭合的二维图形沿截面的垂直方向进行挤出，生成三维模型，适用于制作具有明显横截面的三维模型。

1．基本步骤

选择已经编辑完成的图形对象，在"命令"面板的"修改"选项中，单击 修改器列表 按钮，在弹出的列表中选择"挤出"命令，设置参数，如图4-21所示。

2．参数说明

● 数量：用于设置挤出方向的数量，影响当前图形挤出的厚度效果。

● 分段：用于设置在挤出方向上的分段数。

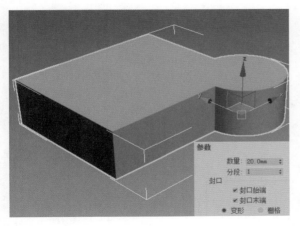

图4-21 挤出

● 封口：用于设置挤出模型的上/下两个截面，是否进行封闭处理。而"变形"选项在制作变形动画时，可以在运动过程中保持挤出的模型面数不变。"栅格"选项将对边界线进行重新排列，从而以最少的点面数来得到最佳的模型效果。

● 输出：用于设置挤出模型的输出类型，通常保持默认"网格"不变。

3．实战应用：玻璃茶几

01 在前视图中，创建矩形，长度为500mm，宽度为1 200mm，如图4-22所示。

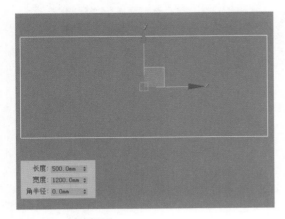

图4-22 创建矩形

02 选择矩形右击，在弹出的屏幕菜单中选择"转换为"/"转换为可编辑样条线"命令，按数字【2】键，切换到"段"编辑方式，将底边删除，按数字【1】键，在点的方式下，对上方两个角点进行"圆角"编辑，如图4-23所示。

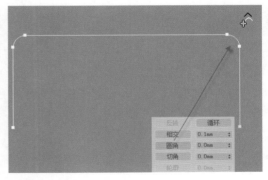

图4-23 圆角

03 右击，退出"圆角"命令，按数字【3】键，切换到"样条线"方式，选择线条执行"轮廓"命令，设置参数，如图4-24所示。

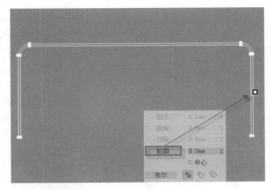

图4-24 轮廓

04 右击，退出"轮廓"命令，按数字【3】键。退出样条线子编辑。在"命令"面板的"修改"选项中，添加"挤出"命令。数量为650mm，如图4-25所示。

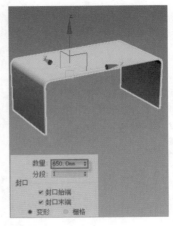

图4-25 挤出

05 在顶视图中，参照茶几模型，创建长方体，作为玻璃茶几的中间隔层。调节位置，后续添加材质，设置灯光，渲染出图，得到玻璃茶几模型，如图4-26所示。

总结："挤出"命令，适用于底截面绘制完成后，通过控制模型的高度，得出三维模型。

图4-26　玻璃茶几

4.3.2　车削 ▼

将闭合的二维图形沿指定的轴向，进行旋转生成三维物体的过程，称为车削。车削命令通常用于制作中心对称的造型。

"车削"一词来自机械加工设备——车床，将毛坯的模型置于车床的两个顶针中间，顶针固定好后，通过电动机的旋转，带动毛坯模型转动，旁边的车刀用于控制模型形状。车刀经过的区域将被削掉，生成中心对称的物体模型。

1. 基本操作

在前视图中，创建二维图形，如图4-27所示。

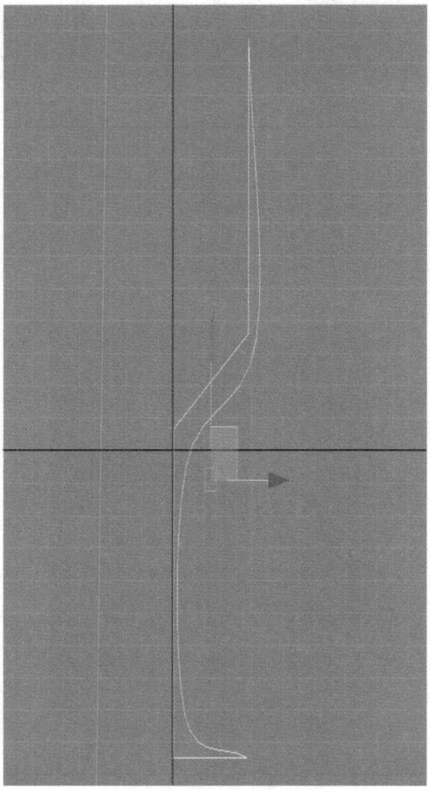

在"命令"面板的"修改"选项中，添加"车削"命令，设置参数，如图4-28所示。

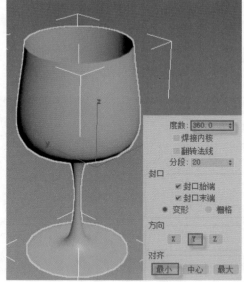

图4-28　车削

2. 参数说明

度数：用于设置车削时曲线旋转的角度数，通常默认为360度。

焊接内核：在2009以前的版本中，通常需要勾选该复选框。可以去除车削后，模型中间的"褶皱"破面。

图4-27　创建线条

翻转法线：勾选该复选框后，将查看到法线另外一面的效果。

方向：用于设置车削时旋转的方向，分为 X 轴、Y 轴和 Z 轴。

对齐：用于设置车削时所对齐的位置，分为最小、中心、最大三个选项。

4.3.3　倒角　▼

将选择的二维图形挤出为三维模型，并在边缘应用平或圆的倒角操作，通常用于标志和立体文字制作。

1．基本操作

首先，在前视图中创建二维文字图形，如图4-29所示。

图4-29　创建文字

在"命令"面板的"修改"选项中，添加"倒角"命令，设置参数，如图4-30所示。

2．参数说明

● 封口：用于设置倒角对象是否在模型两端进行封口闭合操作。

图4-30　倒角

● 曲面：用于控制曲面侧面的曲率、平滑度和贴图等参数。

● 避免线相交：用于设置二维图形倒角后，线条之间是否相交。通过"分离"数值，控制分离之间所保持的距离。

● 级别1、2、3：用于控制倒角效果的层次。高度用于控制倒角时挤出的距离，轮廓用于控制挤出面的缩放效果。

4.3.4　倒角剖面　▼

"倒角剖面"命令将二维图形在进行倒角的同时，沿指定的剖面线进行倒角操作。在新版本中，还可以进行不同方式的倒角制作。

基本操作

在顶视图中创建二维图形，在前视图中，创建剖面轮廓线条，如图4-31所示。

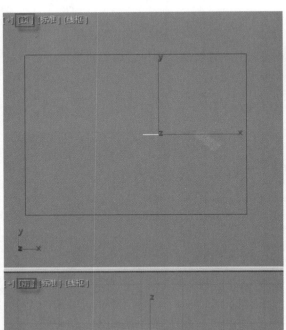

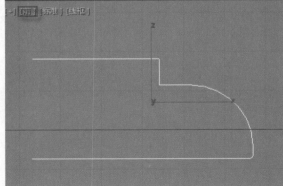

图4-31　创建图形

选择顶视图中的图形，在"命令"面板的"修改"选项中，添加"倒角剖面"命令，将倒角方式切换为"经典"，单击 <u>拾取剖面</u> 按钮，在前视图中，选择剖面线条，生成三维模型，如图4-32所示。

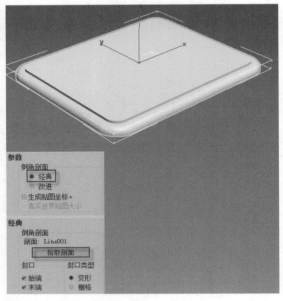

图4-32　倒角剖面

⊙ 技巧说明

在使用倒角剖面时，创建的线条和倒角剖面图形一定要成比例，即与实际尺寸相符合，创建完成后，使用"缩放"命令对剖面线进行操作，对最终形成的造型是没有影响的。在实际使用时，需要注意截面和剖面的选择顺序不能颠倒。

4.4　实战案例——推拉窗、吊扇、八边形展示架

通过几个综合案例的练习，熟悉挤出、车削、倒角等二维编辑命令。

4.4.1　推拉窗　▼

在使用3ds Max软件制作效果图时，通常在AutoCAD软件中，绘制建筑物模型的平面图，根据客户需要，将CAD绘制的文件导入3ds Max软件中，做进一步的编辑操作。

在制作效果图所需的推拉窗时，也可以采用CAD绘制线条，转入3ds Max软件中进行线条编辑的操作方式来实现。

1．CAD软件绘制

在 AutoCAD 软件中，根据实际尺寸绘制所需的图形线条，将文件存储为"*.dwg"格式，如图4-33所示。

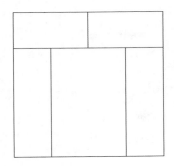

图4-33　CAD图形

2．3ds Max软件制作

01 执行【自定义】菜单/【单位设置】命令，将系统单位和显示单位都设置成"毫米"。

02 执行【文件】菜单/【导入】/【导入】命令，选择"*.dwg"格式，弹出导入选项界面，勾选"焊接附近顶点"复选框，其他参数保持默认，如图4-34所示。

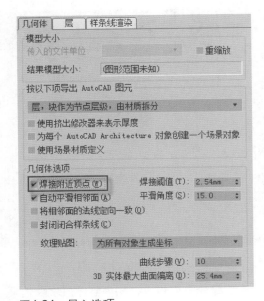

图4-34　导入选项

03 选择导入的线条，按数字【3】键，进入"样条线"编辑，选择外边框线条，单击"轮廓"按钮，在后面的文本框中输入50并按【Enter】键，如图4-35所示。

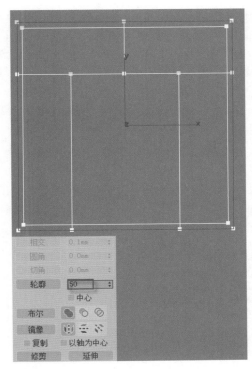

图4-35　轮廓

04 选择中间的其他线条，勾选☑中心复选框，在"轮廓"按钮后面的文本框中，输入50并按【Enter】键，得到推拉窗口线条，如图4-36所示。

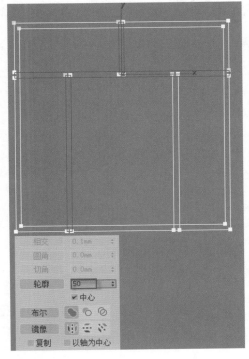

图4-36　轮廓中间线条

05 右击,退出"轮廓"编辑命令,按数字
【3】键,退出样条线子编辑。在修改器列表
中,添加"挤出"命令,生成三维模型。在左
视图中,将其旋转,至此推拉窗效果完成,如
图4-37所示。

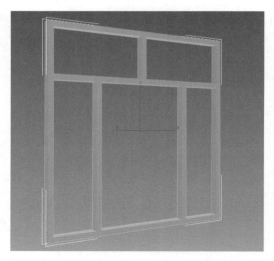

图4-37 推拉窗

4.4.2 吊扇 ▼

根据本章所学习的车削和前面的知识点,制作常见的吊扇造型。

1. 创建风扇叶片

01 在顶视图中创建两个矩形,调节位置,右
击,转换到可编辑样条线,进行线条编辑,得
到风扇叶片形状,如图4-38所示。

图4-38 绘制完成

02 选择线条,在"命令"面板的"修改"选
项中,添加"挤出"命令,生成三维模型。在
"修改"选项中,添加"扭曲"命令,对物体执
行扭曲操作,如图4-39所示。

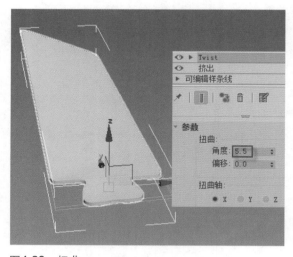

图4-39 扭曲

03 在"命令"面板中,切换到"层次"选项,
单击 仅影响轴 按钮,在顶视图中移动轴心
位置,完成后,再次单击 仅影响轴 按钮,
退出编辑,如图4-40所示。

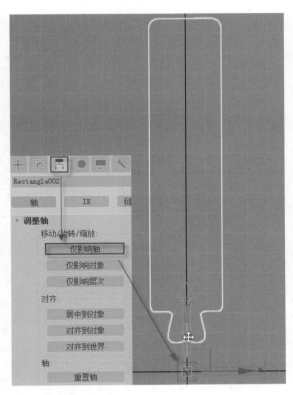

图4-40　更改轴心

04 执行【工具】菜单/【阵列】命令，对选择的对象，进行旋转阵列复制，得到三个风扇页片，如图4-41所示。

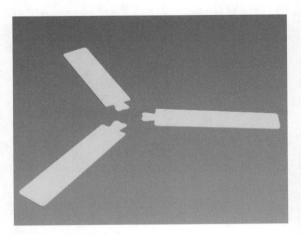

图4-41　阵列完成

2. 创建中间造型

01 在前视图中，利用"线"命令，绘制中间吊扇模型的剖面线条，调节形状，如图4-42所示。

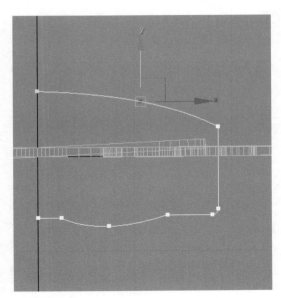

图4-42　调节点的形状

02 将线条进行"轮廓"化操作，添加"车削"命令，调节参数，生成吊扇中间造型，如图4-43所示。

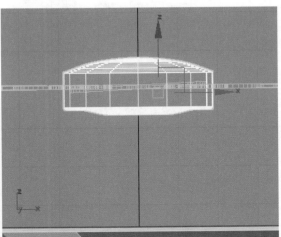

图4-43　车削造型

03 在前视图中，参照风扇中间型，绘制线条，制作风扇塑料扣板造型，如图4-44所示。

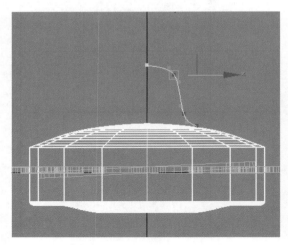

图4-44 参照绘制

04 将线条执行"轮廓"操作后，添加"车削"命令，生成扣板造型，如图4-45所示。

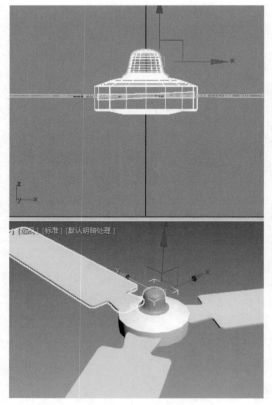

图4-45 扣板

05 在"命令"面板的"修改"选项中，将"车削"前面的 ▶ 展开，选择"轴"，在前视图中，移动轴心位置，生成扣板中间的洞口，如图4-46所示。

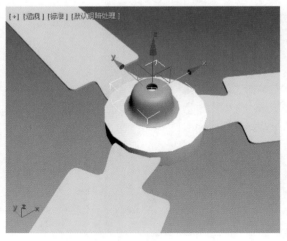

图4-46 更改轴

06 通过"对齐"工具，调节风扇叶片、中间造型和扣板的位置，在顶视图中创建圆柱，作为中间连接杆。然后将扣板模型进行镜像复制，生成风扇模型，如图4-47所示。

图4-47 风扇

4.4.3 八边形展示架 ▼

根据二维图形的特点和挤出命令的应用，制作八边形展示架造型。

1. 创建造型

01 在前视图中，创建八边形图形，设置参数，如图4-48所示。

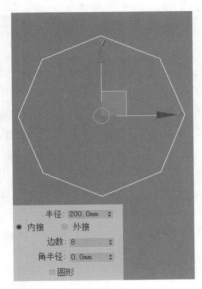

图4-48 创建八边形

02 按【F12】键，在弹出的界面中，通过Z轴对其旋转22.5度，保持八边形上下两条边水平，右击，转换为"可编辑样条线"操作，按数字【3】键，执行"轮廓"命令，设置参数，如图4-49所示。

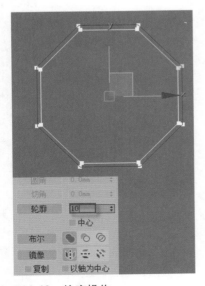

图4-49 轮廓操作

03 退出"样条线"子编辑，执行"挤出"命令，设置参数，如图4-50所示。

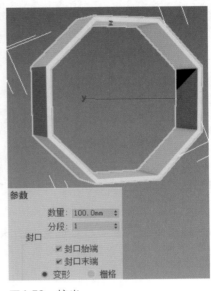

图4-50 挤出

2. 复制其他造型

01 在前视图中，按【S】键开启端点捕捉，按住【Shift】键的同时移动，进行复制操作，如图4-51所示。

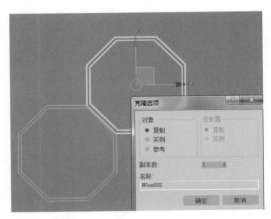

图4-51 复制对象

采取同样的操作方式，复制出整个八边形展示架的主体造型，如图4-52所示。

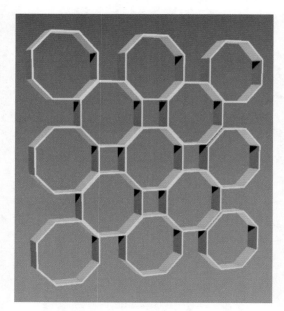

图4-52　复制造型

02 在前视图中，采取与八边形类似的操作方法，创建中间的矩形并执行"轮廓"命令和

"挤出"命令，复制中间区域，生成八边形展架造型，如图4-53所示。

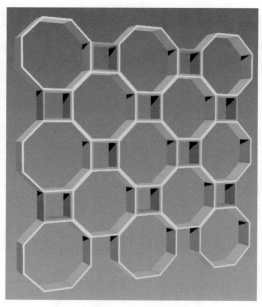

图4-53　八边形展架

第 **5** 章　复合对象

本章要点：

① 布尔运算

② 图形合并

③ 放样

④ 实战案例

　　在使用3ds Max软件建模时，除了标准基本体、扩展基本体之外，还有复合对象。通过复合对象的方式，可以方便地生成所需的复杂模型。常用的复合对象有布尔运算、图形合并和放样等建模方式。

5.1 布尔运算

布尔运算，是指两个三维物体的运算，通过两个具有公共部分的物体进行的并集运算、交集运算、差集运算或切割运算等运算方式。布尔运算由于操作完成以后，容易在物体的表面产生多余的褶皱面，通常使用较少，实现布尔运算操作时，通常使用"超级布尔"，后面将进行介绍。

5.1.1 基本操作 ▼

1. 基本步骤

首先，在场景中创建几何体物体，调节两个物体的位置关系，如图5-1所示。

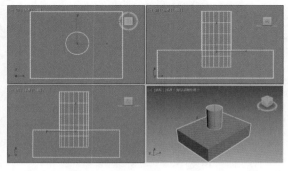

图5-1 创建物体

其次，选择底部的长方体物体，在"命令"面板的"新建"选项中，在下拉列表选择"复合对象"类别，单击 布尔 按钮，在操作参数中选择 差集 方式，单击"添加操作对象"按钮，在视图中选择圆柱体对象，生成布尔运算结果，如图5-2所示。

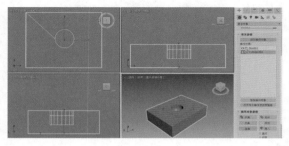

图5-2 拾取对象

2. 参数说明

在进行布尔运算时，通过参数设置运算方式和结果，如图5-3所示。

图5-3 布尔运算

● 参考、复制、移动和实例：用于指定将"操作对象B"转换为布尔对象的方式。使用"参考"时，对原始对象所做的更改与"操作对象B"同步。

● 并集：将两个对象进行并集运算，移除两个几何体的相交部分或重叠部分。

● 交集：将两个对象进行交集运算，运算后将保留两个几何体相交部分或重叠部分，与"并集"操作相反。

● 差集（A−B）：从"操作对象A"中减去相交的"操作对象B"的体积。

● 差集（B−A）：从"操作对象B"中减去相交的"操作对象A"的体积。

● 切割：使用"操作对象B"切割"操作对象A"。默认方式为"优化"，即在"操作对象A"的AB物体相交处，添加新的顶点和边。

5.1.2　ProBoolean（超级布尔）▼

　　ProBoolean（超级布尔）是一种全新的布尔运算方式，有面数少、操作方便和运算速度快等优点，是普通布尔运算更高级的应用，其操作方式与普通布尔运算类似。

　　在场景中创建两个具有公共部分的物体，并调整其位置，选择运算原对象，在"命令"面板的"新建"选项中，在下拉列表中选择"复合对象"选项，单击"ProBoolean"按钮，设置运算方式，单击"开始拾取"按钮，在场景中，依次单击与其运算的另外物体，如图5-4所示。

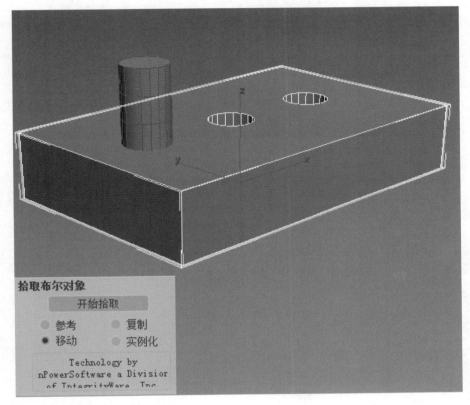

图5-4　ProBoolean运算

ProBoolean（超级布尔）优势如下。

- 网格质量更好：小边较少，并且窄三角形也较少。

- 网格较小：顶点和面较少。

- 使用更容易、更快捷：每个布尔运算都有无限的对象。

- 网格看上去更清晰：共面边仍然隐藏。

5.1.3　布尔应用　▼

　　布尔运算对于产生褶皱面不多的常规模型使用相对灵活，方便生成常见的画框效果，如图5-5所示。

图5-5 画框

01 在"命令"面板的"新建"选项中，单击"长方体"按钮，在前视图中单击并拖动，创建长方体物体，设置参数，如图5-6所示。

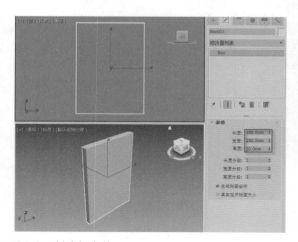

图5-6 创建长方体

02 用同样的方法，在前视图中创建中间的长方体造型，设置参数并调节位置，如图5-7所示。

03 选择底部的淡紫色长方体，在"命令"面板的"新建"选项中，在下拉列表中选择"复合对象"选项，单击"布尔"按钮，设置运算方式，单击"添加操作对象"按钮，单击中间的红色长方体，进行布尔运算，如图5-8所示。

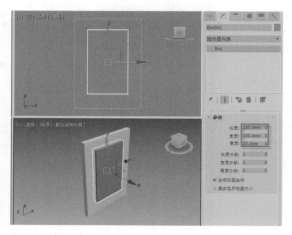

图5-7 中间造型

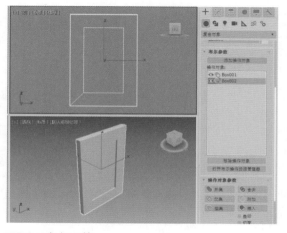

图5-8 布尔运算

04 按【S】键，开启3°对象捕捉，设置捕捉方式为"端点"，如图5-9所示。

图5-9 捕捉设置

05 在"命令"面板的"新建"选项中，利用"矩形"工具捕捉中间区域绘制图形，转换到可编辑样条线，按数字【3】键，执行"轮廓"操作，添加"挤出"命令，调节位置，如图5-10所示。

06 采用同样的方法，利用"矩形"工具在前视图中捕捉中间的区域，添加"挤出"命令，生成中间的图像区域，方便给中间区域添加装饰画贴图。至此，装饰画模型制作完成，如图5-11所示。

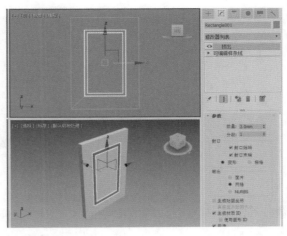

图5-10 中间造型

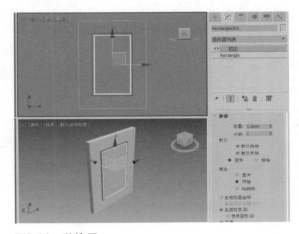

图5-11 装饰画

5.2 图形合并

在3ds Max软件中，图形合并功能是将二维图形与三维物体进行合并运算。二维图形的正面投影需要在三维物体的表面上，两个物体才可以进行图形合并操作，如图5-12所示。

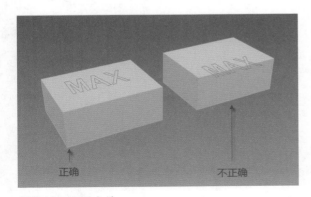

图5-12 图形合并

1. 基本步骤

首先，在视图中创建三维物体和二维图形对象，调节图形和模型的位置，如图5-13所示。

其次，选择三维长方体，在"命令"面板的"新建"选项中，单击"标准基本体"后面的▼按钮，从中选择"复合对象"，单击 图形合并 按钮，单击 拾取图形 按钮，在参数中设置运算方式，在视图中选择要进行运算的二维图形，如图5-14所示。

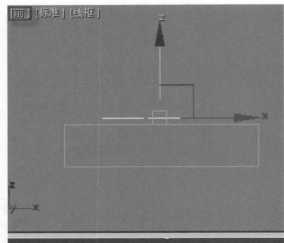

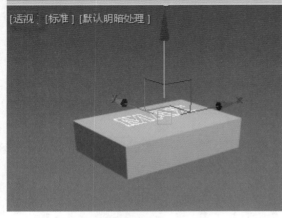

图5-13　创建图形和模型

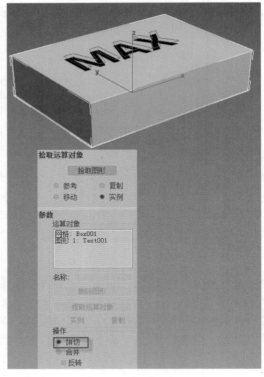

图5-14　拾取图形

2.参数说明

● 参考、复制、移动和实例：用于指定操作图形的运算的方式。与"布尔运算"类似，在此不赘述。

5.3 | 放样

放样的工艺起源于古希腊的造船技术。造船时以龙骨为船体中心路径，在路径的不同位置处，放入横向木板，作为截面图形，包上船体外壳，从而生成船体造型。3ds Max软件中的"放样"是将二维的截面图形沿某一路径进行连续的排列，生成三维物体造型，适用于创建截面图形和路径都非常明显的造型。

5.3.1　放样操作　▼

通过放样操作，可以制作很多闭合的曲面造型，如门窗套、石膏线等。

1. 基本操作

　　在不同的视图中，分别创建放样所需的截面图形和路径，如图5-15所示。

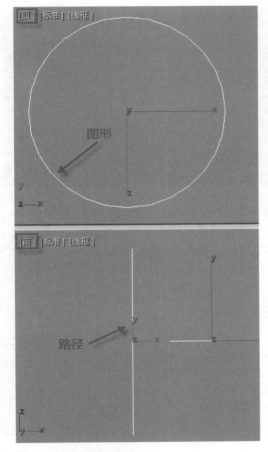

图5-15　创建截面和路径

图5-16　放样物体

　　在前视图中，选择放样路径，在"命令"面板的"新建"选项中，在"标准几何体"下拉列表中选择"复合对象"，单击 放样 按钮，在创建方法中，单击 获取图形 按钮，在顶视图中，单击拾取放样的截面图形，生成三维造型，如图5-16所示。

2. 参数说明

　　● 创建方法：用于设置创建方法是"获取路径"还是"获取图形"。在进行放样时，若选择的对象作为截面图形，则在创建方法中单击"获取路径"按钮。若选择的对象作为路径，则在创建方法中单击"获取图形"按钮。

　　● 路径参数：用于控制路径不同位置处，对截面的拾取操作。可以用于进行多个截面的放样操作，后面会有所讲解。

　　● 蒙皮参数：设置放样生成三维模型的表面参数。

　　● 封口：设置生成模型后，上、下两个端口的设置，根据需要设置是否封口。

　　● 图形、路径步数：用于设置放样生成的模型的圆滑度，可以分别从图形步数和路径步数来单独设置。

5.3.2　放样分析 ▼

1. 什么样的模型适合通过放样来制作

　　对于复合对象中的放样操作来讲，需要截面图形和路径进行复合建模。哪一类模型适合用放样来做呢？

　　首先，适合通过放样制作的模型是由截面图形和路径构成的，即一个模型能否使用放样来生成，需要看该模型在观看时能否看出截面图形和路径的形状。例如，上面演示放样步骤时，所生成的圆柱体。从顶部可以看出圆的截面图形，从前视图或左视图中，可以看出垂直的线路径。模型能发现截面图形和路径，这是进行放样的前提条件。如果需要圆柱体时，没必要通过放样来实现。以制作圆柱体作为案例，主要是介绍放样的过程。

其次，截面图形和路径需要在不同的视图中进行绘制。因为三维的模型，从不同的视图中进行查看，会有不同的观看结果。在合适的视图中，绘制截面图形和路径，是进行放样操作的关键条件。

2. 放样中图形的方向选择

在进行放样操作时，对于通过闭合路径放样的图形，在观察视图中应该选择哪个方向呢？例如，室内装饰中的"石膏线"造型，如图5-17所示。

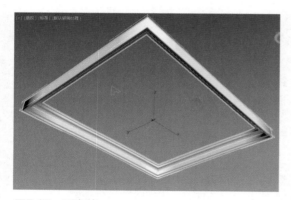

图5-17　石膏线

石膏线模型在制作时，在顶视图中创建路径，因为是个闭合的造型，所以放样中的图形，可以在前视图或左视图中创建。但是，在创建图形时，有两个方向。选择左侧还是右侧呢？如图5-18所示。

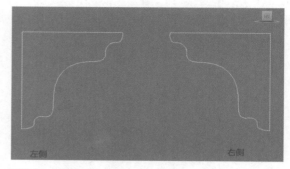

图5-18　截面方向

事实证明，选择左侧的截面进行放样时，生成室内装饰的石膏线造型。选择右侧的截图进行放样时，生成建筑物外檐口的造型。

3. 放样操作时，先选择截面图形和先选择路径的区别

在进行放样操作时，选择截面图形和路径的先后顺序，对于生成的模型没有任何影响，只是生成后的三维模型位置不同。若在进行放样前，路径的位置已经调节完成，先选择路径，再拾取截面图形进行放样操作比较方便。

5.3.3　截面图形对齐　▼

截面图形和路径进行放样操作时，默认的对齐方式，很难满足实际的建模需求。通常需要手动调节截面图形和路径的对齐方式。

选择放样生成的模型，在"命令"面板中，切换到"修改"选项，将"Loft"前面的"▶"展开，选择"图形"，下面的参数会发生变化。鼠标在模型路径上移动，出现变形提示时，选择图形，如图5-19所示。

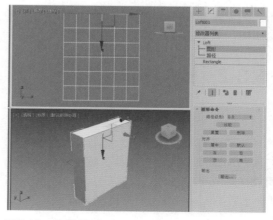

图5-19　选择截面

在"图形命令"参数中，设置对齐方式，得到合适的对齐方式，如图5-20所示。

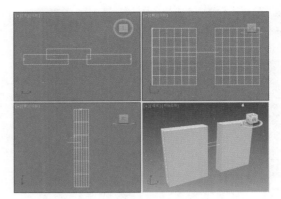

图5-20 左对齐和右对齐

5.3.4 多个截面图形放样 ▼

在使用截面图形和路径进行放样操作时，除了常规的单截面图形放样之外，还可以在同一个路径上，在不同的位置，添加多个不同的截面图形，从而生成复杂造型。

首先，在顶视图中创建两个截面图形，在前视图中创建放样路径，如图5-21所示。

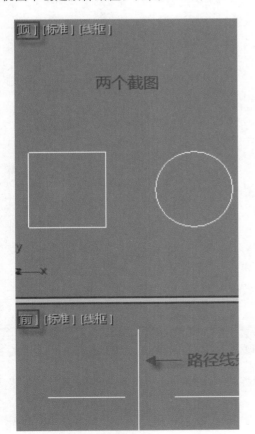

图5-21 创建截面和路径

其次，选择前视图中的路径，执行"放样"操作，单击"获取图形"按钮，在顶视图中选择矩形，生成三维模型，如图5-22所示。

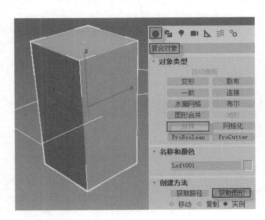

图5-22 放样

在"路径参数"中，在"路径"后面的文本框中，输入百分比数值并按【Enter】键，再次单击"获取图形"按钮，在顶视图中，选择圆图形，如图5-23所示。

多个截面在同一个路径上放样生成的三维模型，有明显扭曲的迹象，需要通过"比较"进行扭曲的校正。

最后，选择放样生成的模型，在"命令"面板中，将"Loft"前面的"▶"展开，选择"图形"，单击 比较 按钮，弹出"比较"对话框，单击对话框中左上角的 按钮。在路径上移动鼠标，出现"+"提示时，如图5-24所示。

选择图形。单击主工具栏中的 C 按钮，在前视图中选择截面图形进行旋转，直到截面的接点与中心对齐标记处于同一条线，同时，观察透视图中，模型的扭曲情况，如图5-25所示。

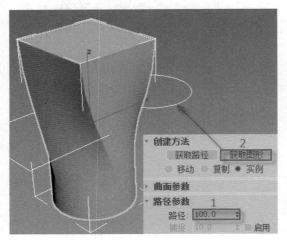

图5-23 获取图形

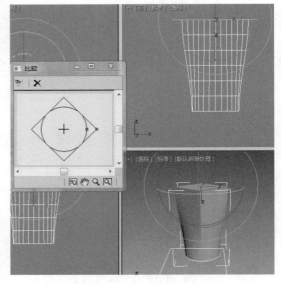

图5-25 旋转校正

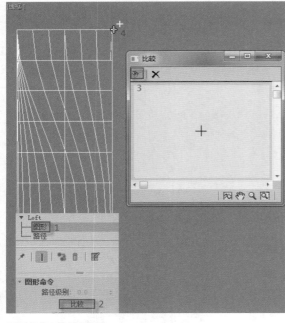

图5-24 拾取图形

5.4 实战案例——罗马柱、石膏线、羽毛球拍、香蕉

通过本章复合对象知识点的学习，进行以下案例练习，每一个案例所用到的知识点，希望广大读者认真体会，争取达到举一反三的目的。

5.4.1　罗马柱　▼

罗马柱通常由柱和檐构成，柱可分为柱础、柱身、柱头（柱帽）三部分。由于各部分尺寸、比例、形状的不同，加上柱身纹理和装饰花纹的各异，而形成各不相同的柱子样式，如图5-26所示。

图5-26　罗马柱

01 在顶视图中创建矩形，长度和宽度均为70mm，创建星形，半径1为35mm，半径2为31mm，点为30，圆角半径1为2mm，圆角半径2为1mm，如图5-27所示。

下拉列表中，选择"复合对象"选项，单击"放样"按钮，单击"获取图形"按钮，在顶视图中，选择矩形，生成造型，如图5-28所示。

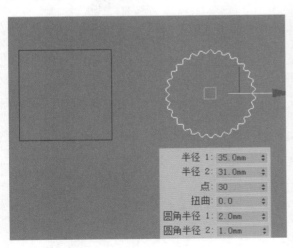

图5-27　星形

02 在前视图中，创建长为300mm的直线，选择直线，在"命令"面板的"新建"选项，在

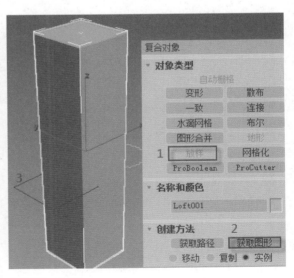

图5-28　放样

03 在"路径参数"中，在"路径"后面的

文本框中输入10并按【Enter】键，再次单击 获取图形 按钮，在顶视图中，再次选择矩形图形，如图5-29所示。

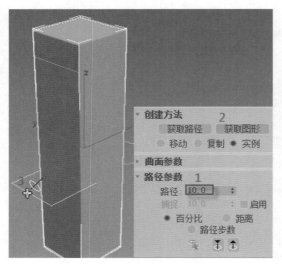

图5-29　拾取图形

04 在"路径参数"中，在"路径"后面的文本框中输入12并按【Enter】键，再次单击 获取图形 按钮，在顶视图中选择星形，如图5-30所示。

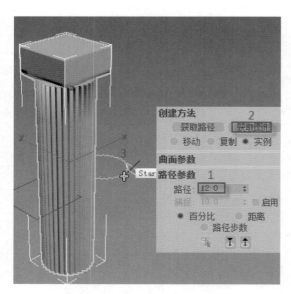

图5-30　获取图形

05 用同样的方法，分别在路径的88位置获取星形，在90的位置获取矩形，得到最后罗马柱造型，如图5-31所示。

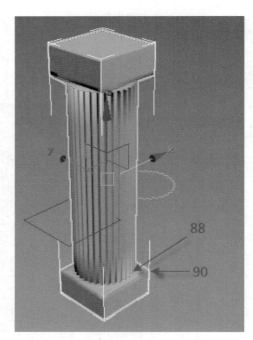

图5-31　罗马柱

06 选择生成的罗马柱造型，通过前面介绍的"多截面放样"的知识点，使用"比较"操作对扭曲模型进行校正，得到正确造型，在顶视图中，创建矩形70mm×70mm，并添加"挤出"和"弯曲"操作，设置参数，如图5-32所示。

图5-32　顶部造型

07 选择顶部造型右击，选择"转换为/转换为可编辑多边形"操作，按【F4】键，显示网格，按数字【2】键，勾选"忽略背面"复选框，将中间线选中右击，单击"移除"按钮，如图5-33所示。

08 按数字【4】键，切换到多边形方式，选择中间区域，分别执行"插入"和"挤出"操作，生成顶部造型，如图5-34所示。

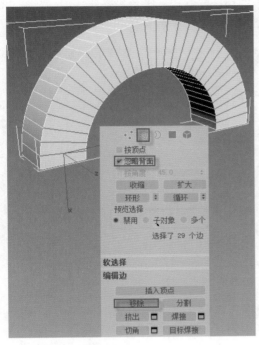

图5-33 线条移除

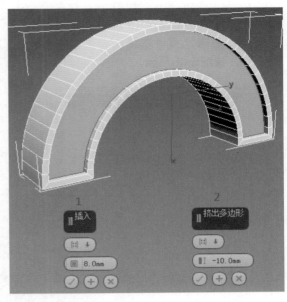

图5-34 中间造型

09 将基础罗马柱对象执行复制操作，按【S】键启用对象捕捉，设置捕捉方式为"端点"，在前视图中通过"选择并移动"工具调节位置，生成罗马柱造型。

5.4.2 石膏线 ▼

石膏线又称顶角线，是室内装修常用的材料，主要用于室内顶棚的装饰。石膏线可配各种花纹，对于各种管线可以起到遮挡的作用。石膏线造型美观、价格低廉。具有防火、防潮、保温、隔音、隔热功能，并能起到豪华的装饰效果，是进行室内装饰常用到的，如图5-35所示。

图5-35 石膏线

在室内装修建模时，可以通过"放样"或"倒角剖面"的方式来创建，本案例介绍使用"放样"的方法创建石膏线。

01 在顶视图中，创建长方体。长宽高依次为6000mm、4800mm和2900mm。在"命令"面板的"修改"选项中，添加"法线"命令，切换到"显示"属性选项，勾选"背面消隐"复选框，如图5-36所示。

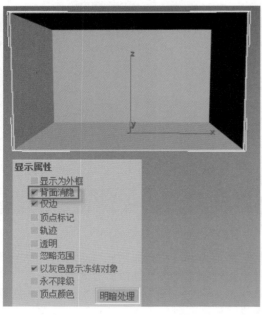

图5-36 法线

02 在顶视图中，按【S】键开启对象捕捉，在对象捕捉选项中，设置"端点"选项，沿长方体端点创建矩形对象，并调节位置。在前视图中创建石膏线的截面图形，如图5-37所示。

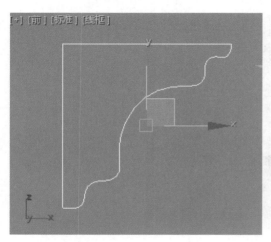

图5-37 创建截面

03 选择顶视图中的路径对象，在"命令"面板的"新建"选项中，选择"复合对象"中的"放样"命令，单击"获取图形"按钮，在前视图中选择截面，生成石膏线造型，如图5-38所示。

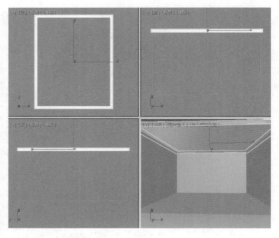

图5-38 放样完成

04 选择放样生成的模型，在"命令"面板中，切换到"修改"选项，将"Loft"前面的"▶"展开，选择"图形"，在路径上移动鼠标，出现鼠标变形提示时，选择图形。在参数中设置截面的对齐方式，得到正确的石膏线造型，如图5-39所示。

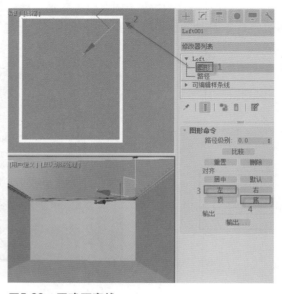

图5-39 正确石膏线

5.4.3 羽毛球拍 ▼

利用多个截面图形在路径上放样的操作，实现羽毛球拍造型。

01 在顶视图中创建圆图形，半径为 **70mm**，转换到可编辑样条线命令，调节其形状作为路径。在前视图中创建矩形，长度为 **12mm**，宽度为 **10mm**，圆角半径为 **2mm**。转换到可编辑样条线，调节其形状，如图 **5-40** 所示。

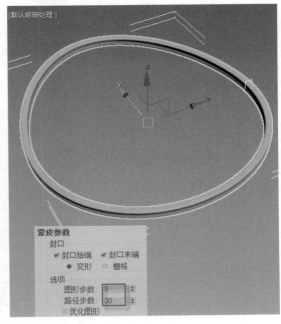

图5-41 球拍框架

03 在顶视图中，参照球拍框架尺寸，创建"平面"对象，更改长度和宽度分段数，如图 **5-42** 所示。

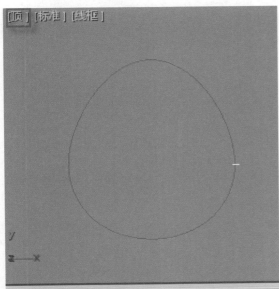

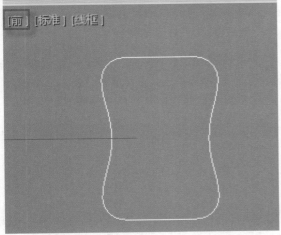

图5-40 创建图形和路径

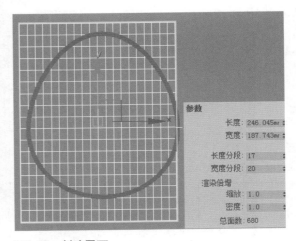

图5-42 创建平面

02 选择顶视图中的圆作为放样路径，在"命令"面板的"新建"选项中，选择"复合对象"，单击"放样"按钮，单击"获取图形"按钮，在前视图中选择图形，生成羽毛球拍框架模型。在"蒙皮参数"选项中，更改路径步数为 **30**，如图 **5-41** 所示。

04 选择平面物体，在"命令"面板的"新建"选项中，在"标准基本体"下拉列表中，选择"复合对象"选项，单击 图形合并 按钮，单击 拾取图形 按钮，在顶视图中，选择路径线条。操作方式为"饼切"和"反转"，如图 **5-43** 所示。

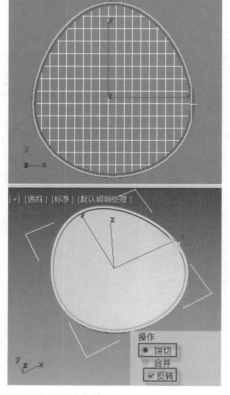

图5-43 图形合并

05 在"命令"面板的"修改"选项中，添加"晶格"命令，设置参数，生成球拍网线效果，如图5-44所示。

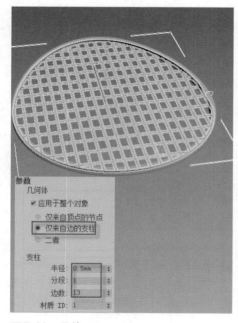

图5-44 晶格

06 在顶视图中，创建直线作为球拍杆路径，在前视图中参照框架图形，创建圆形截面，再依次创建圆形和矩形，如图5-45所示。

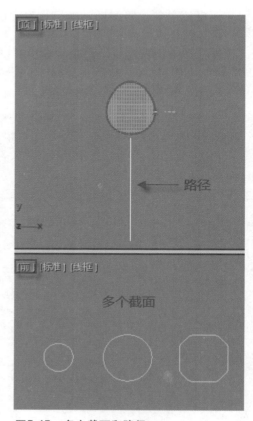

图5-45 多个截面和路径

07 选择顶视图中的线，执行"复合对象"的"放样"命令，单击"获取图形"按钮，在前视图中，选择小圆图形，如图5-46所示。

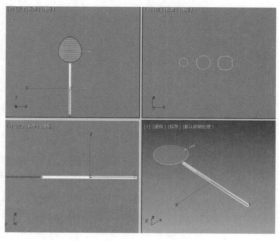

图5-46 获取图形

08 分别在路径75位置获取小圆，在路径80的位置获取大圆，在路径83的位置获取矩形，得到最后球拍杆的效果，如图5-47所示。

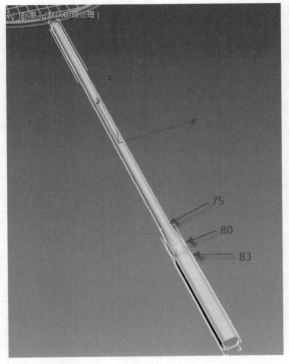

图5-47　球拍杆

09 根据前面所讲述的内容，对造型的扭曲进行校正，调节球拍杆与球拍框架的位置关系，得到羽毛球拍造型，如图5-48所示。

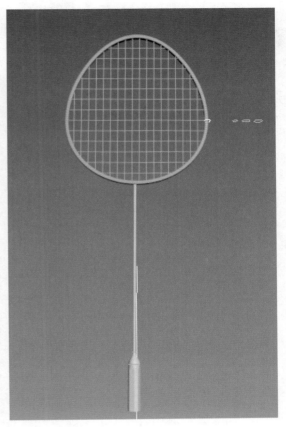

图5-48　结果

技巧说明

只要是不同类型的截面图形，如矩形和圆形，在同一个路径上进行放样时，模型容易造成扭曲。若为同一个类型的图形，但尺寸不同，如半径不同的两个圆，生成的模型正常显示，不会发生扭曲现象。

5.4.4　香蕉 ▼

通过对放样模型的进一步修改和调整来影响放样生成的造型，达到实际的建模要求。在此，仅通过制作"香蕉"造型，做一个抛砖引玉。

01 在顶视图中创建正六边形，在前视图中创建直线，放样生成六棱柱造型，如图5-49所示。

02 选择放样生成的模型，切换到"命令"面板的"修改"选项，在"变形"参数中，单击"缩放"按钮，弹出"缩放变形"对话框，如图5-50所示。

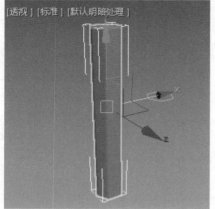

图5-49　生成六棱柱

03　将鼠标置于弹出窗口上的相关按钮时，会出现该按钮功能的中文说明，根据实际需要，添加控制点，调节控制线的形状，如图5-51所示。

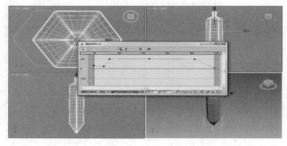

图5-51　变形曲线

04　单击右上角的 ◼×◼ 按钮，退出"缩放变形"操作，在"命令"面板中，添加"弯曲"命令，生成香蕉造型，将其复制并调节位置，如图5-52所示。

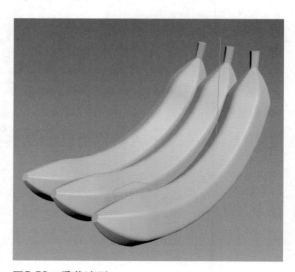

图5-52　香蕉造型

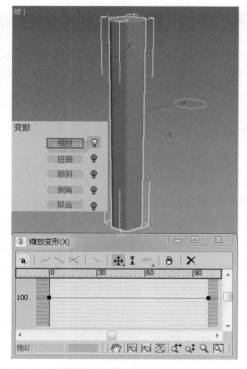

图5-50　"缩放变形"对话框

第 6 章

高级建模

本章要点：

① 编辑多边形

② 实战案例

　　在日常建模过程中，前面章节建模的思路是从局部延伸到整体，即先将整体模型拆分，在局部模型建立完成后，根据位置关系组合成整体模型。而在高级建模时，建模的思路是从整体到局部。建立整体模型后，再生成局部细节。根据分段数，再进一步细化处理，使模型更加细腻逼真。高级建模与前面建模相比，其建模思路有着明显区别。

6.1 编辑多边形

多边形对象也是一种网格对象，它在功能上几乎与"可编辑网格"是一致的。不同的是，"可编辑网格"是由三角面构成的框架结构，而可"编辑多边形"是以四边形面为编辑对象的，可以理解为"可编辑多边形"是"可编辑网格"的升级版。在新版本中，可以直接与"石墨工具"互通使用，石墨工具是编辑多边形的升级版。

可编辑多边形，根据三维物体的分段数，进行点、边、边界、多边形和元素5种方式的子编辑。对应的快捷键依次为1、2、3、4、5。子编辑完成后，按对应的子编辑方式1、2、3、4、5或数字键6都可以退出子编辑。

6.1.1 选择参数 ▼

选择参数是进行子对象编辑的切换方式，只有正常选择相关的子编辑方式和内容，才可以进行可编辑多边形操作。

1. 转换为可编辑多边形

在场景中创建物体，选择该对象后右击，在弹出的屏幕菜单中，选择"转换为/转换为可编辑多边形"命令。

在"命令"面板的"修改"选项中，可以对物体进行编辑。根据需要进行点、边、边界、多边形和元素5种方式的子编辑，如图6-1所示。

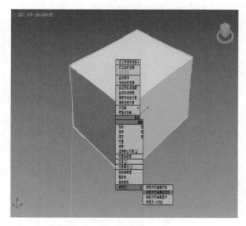

图6-1 转换到可编辑多边形

2. 选择参数

"选择"选项的常用参数，如图6-2所示。

● 忽略背面：勾选该复选框后，选择的子对象区域仅为当前方向可以看到的部分。当前视图看不到的区域，不进行选择。根据实际情况，在选择对象区域之前选择该参数。

图6-2 "选择"选项

● 收缩：在已经建立的选择区域的前提下，减少选择区域。每单击一次该按钮，选区收缩一次。

● 扩大：在已经建立的选择区域的前提下，增加选择区域。与"收缩"操作相反。

● 环形：该按钮适用于在边或边界的子编辑下，以选择的边为基准，平行扩展选择区域。

● 循环：该按钮适用于在边或边界的子编辑下，以选择的边为基准，向两端延伸选择区域，如图6-3所示。

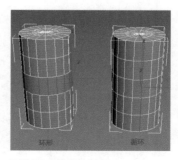

图6-3 环形和循环

6.1.2 编辑顶点 ▼

在三维物体模型中，顶点为分段线与分段线的交点，是编辑几何体中最基础的子编辑方式。同时，通过点来影响或调整物体的形状，比其他方式更为直观而且方便。

1. 常用编辑命令

具体的顶点参数，如图6-4所示。

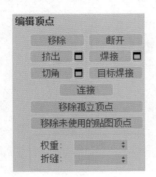

图6-4 编辑顶点

● 移除：用于删除不影响物体形状的点。若该点为物体的边线点或端点时，则不能进行移除操作。

● 挤出：在点的方式下，执行挤出操作。单击□按钮，可以在弹出的界面中，设置挤出的高度和挤出顶点宽度等参数。

● 焊接：将已经"附加"的两个对象，通过点编辑进行"焊接"操作。与"断开"操作相反。

● 切角：在点的方式下，进行切角操作，可以设置切角数量以及切角完成后，是否需要执行打开面操作。

● 目标焊接：将同一条边上的两个点进行自动焊接。若两个点不在同一条边形时，不能进行目标焊接。

2. 实例应用：斧头

01 在顶视图中，创建长方体，设置长方体相关的尺寸参数和分段数，如图6-5所示。

02 将透视图改为当前操作视图，按【F4】键，右击，在弹出的屏幕菜单中选择"转换为/可编辑多边形"命令。按数字【1】键，进入点的子编辑。在前视图中调节点的位置，如图6-6所示。

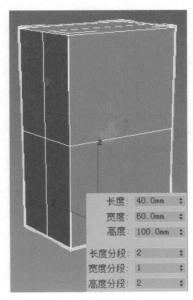

图6-5 创建长方体

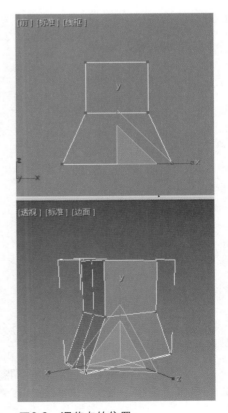

图6-6 调节点的位置

03 在透视图中，按【Alt+W】组合键，将透视图执行最大化显示操作，单击"目标焊接"按钮，将点进行焊接，如图6-7所示。

04 用同样的方法，将另外的几个角点进行焊接，生成斧头最后模型，如图6-8所示。

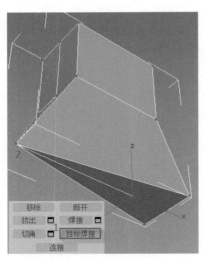

图6-7 目标焊接

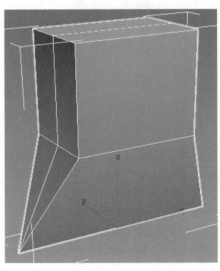

图6-8 斧头

6.1.3 编辑边 ▼

对两个顶点之间的分段线进行编辑的方式为边编辑。

1. 常用编辑命令

常用编辑命令如图6-9所示。

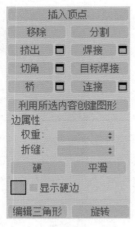

图6-9 编辑边参数

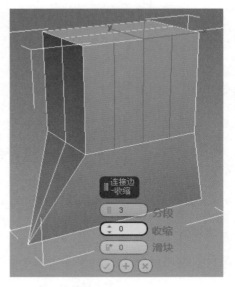

图6-10 连接边

● 连接：用于在选择的两个边上，等分添加段数线，适用于单面空间建模。

单击 连接 按钮，保持与上一次相同参数的连接。单击"连接"后面的 □ 按钮，在当前选择的边线处弹出对话框，如图6-10所示。

● 分段：用于设置连接的分段线数量。

● 收缩：用于控制连接后的段数线，向内或向外收缩。

● 滑块：设置连接的分段线，靠近哪一端。默认为等分连接。

● 利用所选内容创建图形：在边的方式下，将选择的边生成二维样条线。显示效果类似"晶格"命令。

● 切角：在选择边的基础上，进行切角操作。通过参数，可以生成圆滑的边角效果，如图6-11所示。

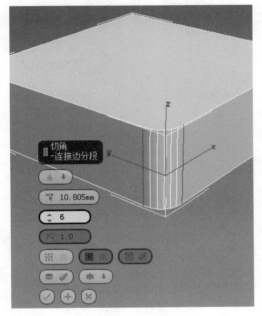

图6-11 切角

● 切角类型：在2014版本中，切角类型有两种，一种是标准切角，与之前的切角样式和方法一致；另一种是四边形切角，对于四边形的造型来讲，制作切角更加自由和方便。

● 切角量：用于设置切角时的尺寸距离。

● 分段：用于设置切角后的边线分段数。值越大，切角后的效果越圆滑。

● 分开：当选中该选项后，切角完成后，将生成的圆角表面删除，方便进行"边界"编辑。

● 切角平滑：默认对选中的边线进行，可以在后面的列表中选择对整个图形进行平滑处理。

2. 实战应用：防盗窗

01 在前视图中，创建长方体并设置参数，如图6-12所示。

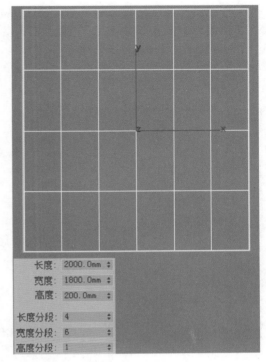

图6-12 长方体参数

02 将当前操作视图切换为左视图，选择长方体右击，在弹出的屏幕菜单中选择"转换为/转换为可编辑多边形"命令，按数字【1】键，选择右上角的点并移动其位置，如图6-13所示。

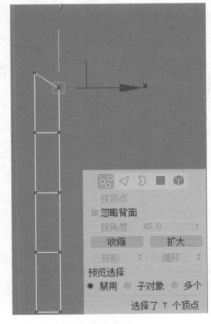

图6-13 调节点的位置

03 将当前操作视图切换为透视图，按【F4】键，切换显示方式。按数字【2】键，切换为"边"的编辑方式，勾选"忽略背面"复选框，在编辑几何体选项中，单击"切割"按钮，在透视图中手动连接边线，如图6-14所示。

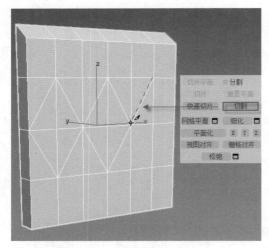

图6-14　切割

04 按数字【4】键，切换到多边形方式下，在透视图中旋转，按【Q】键，选择防盗窗后面的面，按【Delete】键，将其删除，如图6-15所示。

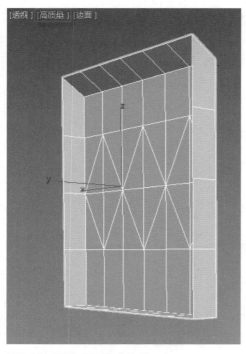

图6-15　删除后面的多边形

05 按数字【2】键，切换到边的编辑方式，按【Ctrl+A】组合键，全部选择边线。单击"利用所选内容创建图形"按钮，生成二维线条，如图6-16所示。

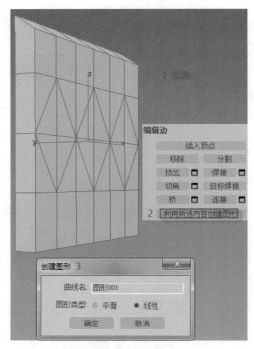

图6-16　利用所选内容创建图形

06 退出"可编辑多边形"命令后，选择刚刚生成的二维图形，设置其可渲染的属性，生成防盗窗造型，如图6-17所示。

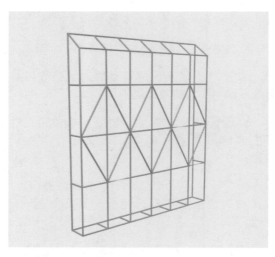

图6-17　防盗窗效果

6.1.4　编辑边界　▼

边界的编辑方式与边的方式类似，多条连续的边线且在同一个平面，为边界对象。

边界方式如图6-18所示。

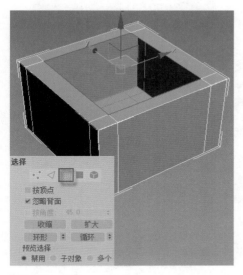

图6-18　边界

● 封口：在选择的边界对象上，快速闭合表面多边形，通常用于修复模型的漏洞或破面区域，如图6-19所示。

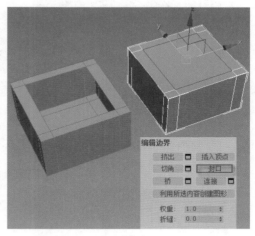

图6-19　封口前后对照

6.1.5　编辑多边形　▼

编辑多边形操作中，对于多边形子编辑使用频率较高。有很多编辑命令是针对多边形子编辑方式进行的。

1. 挤出

对选择的多边形沿表面挤出，生成新的造型。选择多个且连续的多边形时，挤出的类型会有所不同。若选择单个面或不连续面时，挤出类型没有区别，如图6-20所示。

图6-20　挤出

● 挤出类型：用于设置选择表面，在挤出时方向不同。类型为"组"时，挤出的方向与原物体保持一致；类型为"局部法线"时，挤出的方向与选择的面保持一致；类型为"按多边形"时，挤出的方向与各自的表面保持一致。

2. 倒角

对选择的多边形进行倒角操作。类似于"挤出"和"锥化"相结合。在"挤出"的同时，通过"轮廓量"控制表面的缩放效果，如图6-21所示。

3. 桥

桥用于将选择的两个多边形进行桥连接。可以桥连接的两个面延伸后，需要在同一个面上。单击"桥"后面的■按钮，弹出桥连接的对话框，根据需要进行桥连接的分段数设置，如图6-22所示。

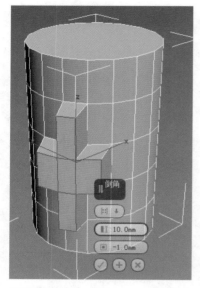

图6-21　倒角

图6-22　桥

4. 插入

在多边形的方式下，向内缩放并生成新的多边形，如图6-23所示。

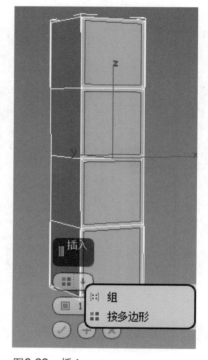

图6-23　插入

6.1.6　编辑元素 ▼

编辑多边形命令中的元素方式，适用于对整个模型进行编辑。单独的命令应用较少。最常用的方式为该编辑方式下，对选中的模型进行"翻转法线"的显示操作。与在"修改器列表"中添加"法线"命令类似。更改观察视点后，方便进行室内单面空间建模。

在透视图中，选择要编辑的对象右击，在弹出的屏幕菜单中选择"转换为/转换为可编辑多边形"命令，按数字【5】键，再次单击物体，右击，在弹出的屏幕菜单中选择"翻转法线"命令，如图6-24所示。

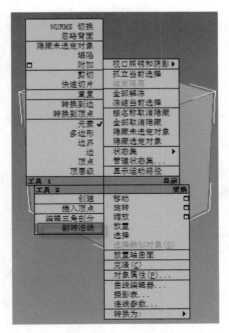

图6-24　翻转法线

6.2 实战案例——漏勺、咖啡杯、镂空造型、面片灯罩、室内空间、矩形灯带、天花造型、车边镜、波浪背景墙

利用前面所学的编辑多边形工具，制作以下实例。通过案例练习工具使用，最终达到工具应用的举一反三。

6.2.1　漏勺　▼

1. 创建主体

01 在顶视图中，创建几何球体并设置参数，在前视图中执行向下镜像翻转操作，如图6-25所示。

02 选择几何球体，在透视图中右击，在弹出的屏幕菜单中选择"转换为/转换为可编辑多边形"命令，按数字【1】键，切换到顶点的编辑方式，在前视图中框选半球的中间段数点，单击"挤出"命令，设置参数，如图6-26所示。

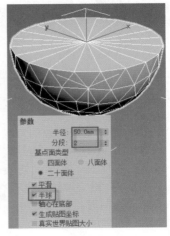

图6-25　几何球柱参数

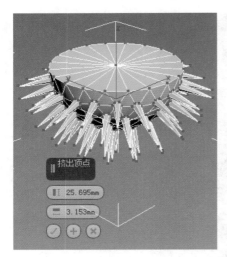

图6-26　选中点并挤出

03 在不同的视图中，将"挤出"操作后产生的多余点删除。在透视图中，按数字【4】键，切换到多边形方式，勾选"忽略背面"复选框，选择几何球体上面的圆截面，按【Delete】键，将其删除，如图6-27所示。

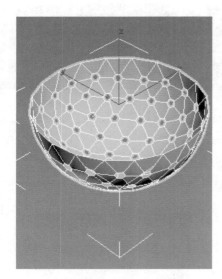

图6-27　删除点和顶部面

2. 生成手柄

按数字【2】键，切换到边的方式，在顶视图中，按住【Ctrl】键的同时，选择右侧两条边线，将鼠标置于前视图，右击，切换前视图为当前视图，按【W】键切换到选择并移动工具，按住【Shift】键的同时，移动边线。复制生成漏勺手柄，如图6-28所示。

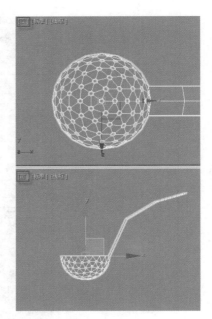

图6-28　生成勺柄

3. 增加厚度

退出当前可编辑多边形操作，在"命令"面板的"修改"选项中，在下拉列表中选择"壳"命令，按默认参数对当前模型执行"壳"操作，生成具有厚度的漏勺，如图6-29所示。

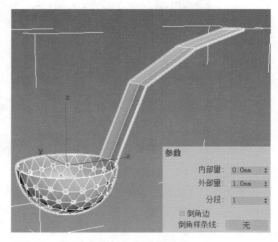

图6-29　执行"壳"命令后的效果

4. 光滑表面

在"命令"面板的"修改"选项中，再次单击"修改器列表"，从中选择"涡轮平滑"或"网格平滑"命令，迭代次数为2。对当前模型进行自动平滑处理操作，得到漏勺最后模型，如图6-30所示。

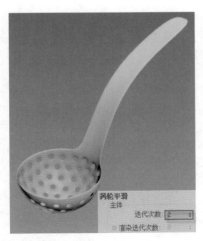

图6-30 漏勺

总结

通过制作漏勺模型，可以掌握编辑多边形命令中的点、边的操作。也会引导广大读者建模思维的转变。从一个半球，将其某一边挤出生成手柄，最后执行平滑操作命令，生成漏勺。可谓是建模思路上的转变。以此类推，不带洞的汤勺也很容易实现，形状有点椭圆的调羹也能制作，带两个把手的汤锅也能实现。读者可以在此思路上进一步地延伸。

6.2.2 咖啡杯 ▼

使用编辑多边形工具，制作咖啡杯造型，如图6-31所示。

图6-31 咖啡杯

1. 模型分析

咖啡杯造型在制作时，可以使用二维线条，添加"车削"命令来实现。旁边的手柄若采用"放样"生成，在与杯体相接处很难实现圆滑过渡。因此，该模型需要在"车削"完成后，对模型执行编辑多边形操作。

2. 制作步骤

01 在前视图中，利用"线"工具绘制咖啡杯模型横截面一半的线条，选择线条右击，在弹出的屏幕菜单中选择"转换为/可编辑样条线"命令，对线条做进一步编辑，如图6-32所示。

图6-32 绘制线条

02 在编辑样条线中，按数字【3】键，切换到样条线编辑。通过"轮廓"命令，将线条生成闭合的曲线。退出样条线编辑后，在"命令"面板的"修改"选项中，添加"车削"命令，设置参数。生成杯子主体，如图6-33所示。

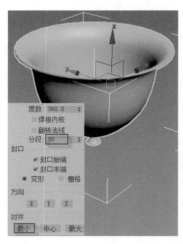

图6-33　车削参数

此时，生成的模型并不像咖啡杯的主体造型。选择物体，在"命令"面板的"修改"选项中，将"车削"命令前面的"▶"展开，选择"轴"，利用选择并移动工具，在视图中移动变换轴心。生成杯子主体造型，如图6-34所示。

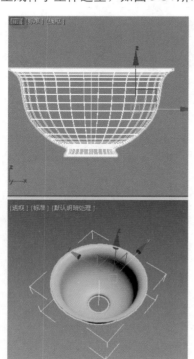

图6-34　移动轴

03 退出"车削"命令。选择物体右击，在弹出的屏幕菜单中选择"转换为/转换为可编辑多边形"命令，在透视图中，将模型放大，显示底部多边形，按数字【2】键，勾选"忽略背面"复选框，单击其中一水平边线，再单击"循环"按钮，选择一圈边线，按住【Ctrl】键的同时，选择"多边形"方式，选中边线所在的面，如图6-35所示。

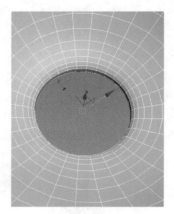

图6-35　选择边线

04 按【Delete】键，将选中的多边形删除。按数字【3】键，切换到边界方式，单击选择上面边界，单击"封口"按钮。实现底部上端封闭，使用同样的方法，在透视图中将模型翻转，将底部边界执行"封口"操作，如图6-36所示。

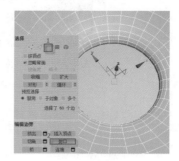

图6-36　将上端封口

05 在左视图中，利用线条工具绘制并编辑完成手柄线条，如图6-37所示。

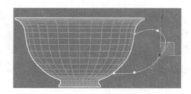

图6-37　绘制样条线

06 再次选择杯子主体，按数字【4】键，在前视图中，选择手柄位置的面，单击 `沿样条线挤出` 后面的□按钮，在弹出的界面中，设置段数并拾取样条线，实现手柄选型，如图6-38所示。

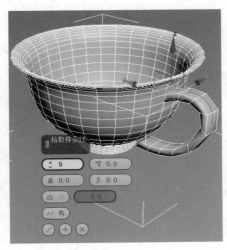

图6-38　生成手柄

07 将手柄挤出的面与杯体的面执行"桥"命令，退出可编辑多边形操作，在"命令"面板的"修改"选项中，添加"涡轮平滑"命令，设置迭代次数为2，生成咖啡杯模型，如图6-39所示。再利用样条线和"车削"命令，实现咖啡杯小碟造型即可。

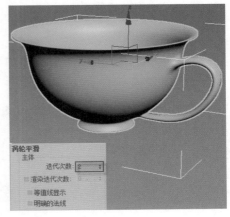

图6-39　杯子造型

6.2.3　镂空造型　▼

根据可编辑多边形的建模思路和特点，可以实现很多异型模型，如图6-40所示。

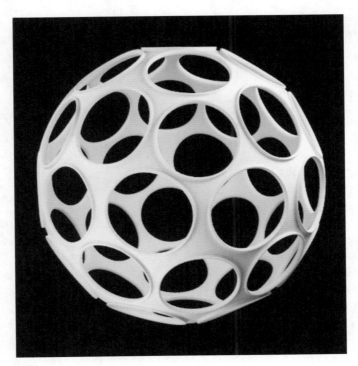

图6-40　镂空造型

1. 模型分析

根据镂空模型的外观特点和中间圆形空洞的分布方向确定，可以在几何球体模型的基础上进行编辑，模型整体上有厚度，因此，在生成单面模型后，可以通过添加"壳"的方式来实现，每一个空洞都有一个高度，可以在模型平滑前，通过"挤出"操作来实现。

2. 制作步骤

01 在顶视图中，创建几何球体，设置相关参数，如图6-41所示。

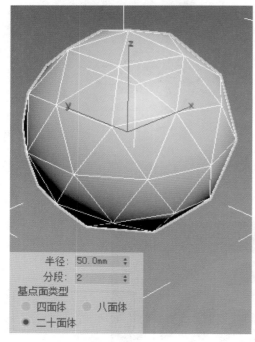

图6-41　几何球体

02 将透视图切换为当前操作视图，右击，在弹出的屏幕菜单中选择"转换为"/"转换为可编辑多边形"命令，按数字【1】键，切换到顶点编辑，选择所有点，执行"切角"操作，设置参数，如图6-42所示。

03 退出当前子编辑操作，添加"涡轮平滑"操作，在修改器列表中，返回可编辑多边形，单击▶按钮，将其展开，选择"边界"方式，开启"显示最终结果"按钮，选择物体上的"五边形"，对其进行缩放，调整其与"六边形"尺寸大小类似，如图6-43所示。

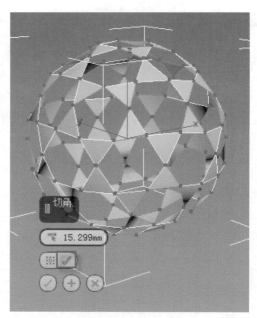

图6-42　切角操作

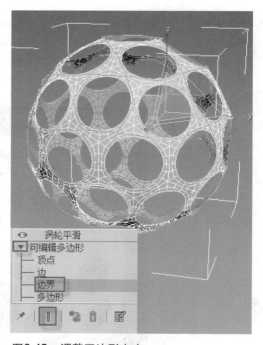

图6-43　调整五边形大小

04 退出"边界"子编辑，将编辑操作返回到"涡轮平滑"，添加"球形化"编辑命令，再次执行"可编辑多边形"操作，按数字【3】键，按【Ctrl+A】组合键，执行"全选"操作，执行"挤出"操作，设置参数，如图6-44所示。

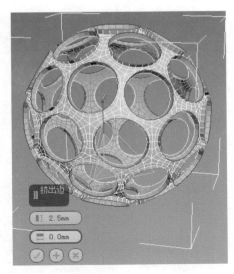

图6-44　边界挤出

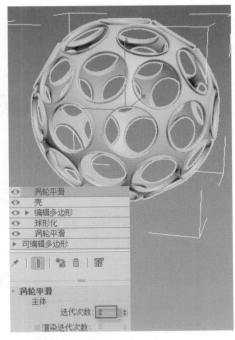

05 退出"边界"编辑，添加"壳"命令，添加"涡轮平滑"命令，调整参数，生成镂空模型，如图6-45所示。

图6-45　镂空模型

6.2.4　面片灯罩 ▼

在进行室内设计时，灯具造型是常用的一种模型。灯具的颜色、材质和造型是构成设计风格的重要元素，个性的灯具造型往往会起到画龙点睛的作用。下面，介绍通过可编辑多边形的方式来生成面片灯罩造型，如图6-46所示。

图6-46　面片灯罩

1. 模型分析

根据面片灯罩的外观特点，使用圆柱为基础模型，并进行相关面片的生成，根据球形外观的造型，通过对点的编辑来影响整个模型的圆滑程度。中间底为单独的一个子材质或单独的模型。

2. 制作步骤

01 在顶视图中，创建圆柱体，设置参数，如图6-47所示。

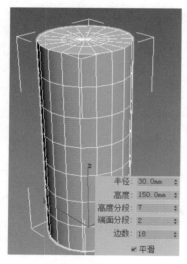

图6-47 创建圆柱体

02 在顶视图中右击，在弹出的屏幕菜单中选择"转换到"/"转换到可编辑多边形"命令，按数字【1】键，选择上下两端面中间的点，执行非等比例缩放操作，如图6-48所示。

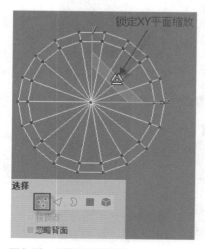

图6-48 顶视图点缩放

03 在前视图中，分别调整第二行和倒数第二行中点的位置，生成面片灯罩的上下两部分区域，如图6-49所示。

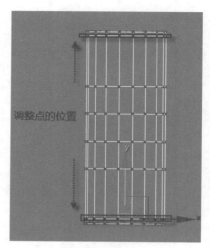

图6-49 调整点的位置

按数字【2】键，切换到"边"编辑方式，分别选择竖向的边线右击，在弹出的屏幕菜单中选择"分割"命令，如图6-50所示。

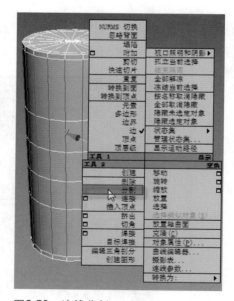

图6-50 边线分割

04 在透视图中，选择中间水平的边形区域，在"编辑几何体"的"约束"选项中，更改为"法线"，通过"选择并移动"工具，向上移动边形，将中间分割后的面片进行展开，如图6-51所示。

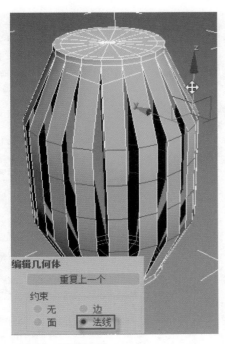

图6-51　移动边线

05 根据需要可在前视图中使用"切片"的方式，生成分段线，调整点的位置，影响面片灯罩的造型，如图6-52所示。

图6-52　调节点的位置

06 选择底部中间点，按【Delete】键，将其删除，退出子编辑，添加"涡轮平滑"命令，如图6-53所示。

图6-53　删除并平滑

根据实际需要，添加"壳"命令，设置其面片的厚度，还可以根据个性化要求，对其进行扭曲操作，生成面片灯罩造型，如图6-54所示。

图6-54　面片灯罩结果

6.2.5　室内空间　▼

在使用3ds Max软件制作室内效果图时，根据测量的尺寸绘制平面图，再由平面图生成室内空间造型。对于内部观察的空间，不需要知道墙体厚度和地面厚度等信息。因此，为了方便和快捷，制作室内空间时，通常使用单面建模的方式。

1. CAD图形处理

在CAD中，新建图层并置为当前层，利用"多段线"工具，沿墙体内侧通过"对象捕捉"来绘制线条。遇到门口或窗口位置时单击，创建定位点，将文件保存，如图6-55所示。

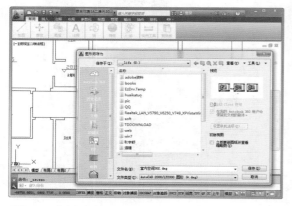

图6-55　CAD存储文件

2. 导入3ds Max

在3ds Max软件中，通过【自定义】/【单位设置】命令，设置软件单位。执行【文件】/【导入】/【导入】命令。文件格式选择"*.dwg"，选择文件，单击"打开"按钮，在弹出的对话框中，勾选"焊接附近顶点"复选框，如图6-56所示。

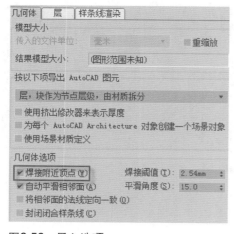

图6-56　导入选项

选中导入的图形，添加"挤出"命令，将数量改为2 900，按【M】键，选择空白样本球并赋予物体，设置漫反射颜色，如图6-57所示。

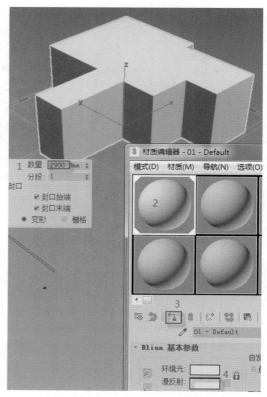

图6-57　挤出物体

3. 多边形编辑

01 选择挤出生成的物体右击，在弹出的屏幕菜单中选择"转换为/转换为可编辑多边形"命令，按数字【5】键，进入"元素"子编辑，选择墙体右击，选择"翻转法线"命令。更改观看模型的视角。选中模型，再次右击，选择"对象属性"命令，在弹出的界面中，勾选"背面消隐"复选框，得到室内空间效果，如图6-58所示。

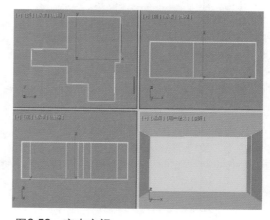

图6-58　室内空间

02 将透视图最大化显示，调节观察方向。按数字【2】键，进入"边"的子编辑下，勾选"忽略背面"复选框，选择垂直两边，单击 连接 按钮后面的□按钮，在弹出的界面中，设置连接的边线数，生成窗口水平线，如图6-59所示。

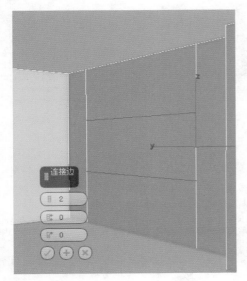

图6-59　连接边

03 选择其中一边，按【F12】键，在弹出的界面中，设置窗台高度，如图6-60所示。

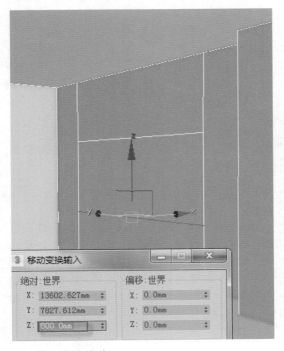

图6-60　窗台高度

04 用同样的方法，调节窗口上边缘高度。按数字【4】键，选择中间区域，单击"挤出"按钮。将其挤出-200个单位，按【Delete】键将其删除，生成窗口造型，如图6-61所示。

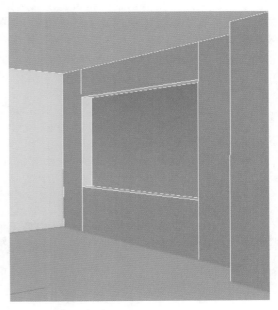

图6-61　窗口造型

用同样的方法，选择左侧中间的面，向内挤出-1 000mm，生成中间的走廊空间。

4．添加相机

在"命令"面板中，切换到"新建"选项，单击"摄影机"选项，选择"目标"，在顶视图中，单击并拖动鼠标。为整个场景添加相机，如图6-62所示。

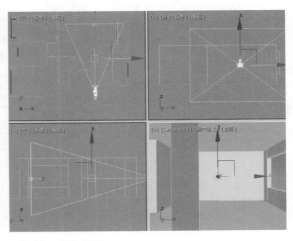

图6-62　添加相机

在左视图中，选择摄像机和目标点，向上调节高度位置。在透视图中，按【C】键，切换到摄像机视图。选中相机，在参数中勾选"手动剪切"复选框，设置"近距剪切"和"远距剪切"选项。近距剪切是指相机的观看起始位置，远距剪切是指相机观看的结束位置。在摄像机视图中，可以通过右下角"视图控制区"中的按钮，调节最后效果，如图6-63所示。

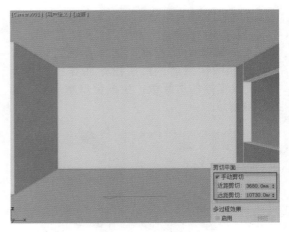

图6-63　单面空间

6.2.6　矩形灯带 ▼

在进行室内效果图制作时，室内的房顶通常根据实际情况，进行吊顶制作，包括顶角线或灯带造型。顶角线在前面"放样"建模时已经讲解，在此介绍室内灯带造型。

1. 创建空间物体

在顶视图中创建长方体并设置参数，如图6-64所示。

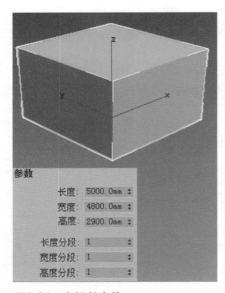

图6-64　空间长方体

选择长方体右击，在弹出的屏幕菜单中选择"转换为/转换为可编辑多边形"命令，按数字【5】键，选择长方体右击，选择"翻转法线"命令，得到室内单面空间，如图6-65所示。

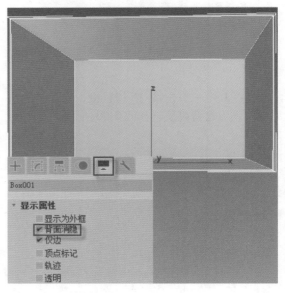

图6-65　室内空间

2. 生成灯带

在透视图中，按数字【1】键，切换到点的编辑方式。在"编辑几何体"选项中，单击"切片平面"按钮，按【F12】键，在弹出的界面中，依次在Z轴数据中输入2 700和2 800，分别单击"切片"按钮，完成两次切片平面操作，如图6-66所示。

图6-66 切片平面

内灯带造型,如图6-67所示。

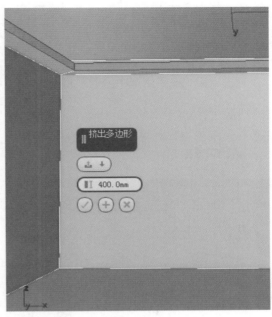

图6-67 挤出多边形

按数字【4】键,勾选"忽略背面"复选框,在透视图中按住【Ctrl】键的同时,依次单击选择切片生成的面,单击"挤出"后面的控制按钮,在弹出的界面中,将其挤出,生成室

6.2.7 天花造型 ▼

在进行室内设计时,房间顶部的天花造型是一种常见的装饰表现,不仅起到一定的装饰效果,还很容易体现装饰的整体风格,如图6-68所示。

图6-68 天花造型

1. 模型分析

天花造型为随机的多边形造型，在生成时，需要保持其随机的大小和多边形的特点。除了"蜂窝"状造型外，顶部发光的部分可以通过给物体添加"VR灯光"材质的方式来实现。因此，建模方面主要是生成中间的网格造型。

2. 制作步骤

01 在顶视图中，创建平面物体并设置相关参数，如图6-69所示。

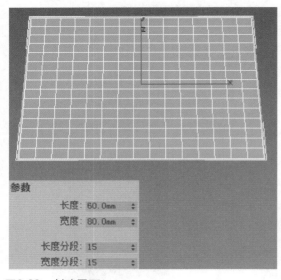

图6-69　创建平面

02 将透视图切换为当前操作视图，右击，转换到"可编辑多边形"操作，按数字【2】键，选择任意一种边形，在"石墨建模"工具中，单击拓扑方式中的"蜂窝"按钮，如图6-70所示。

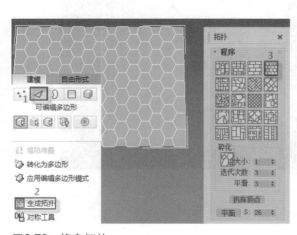

图6-70　蜂窝拓扑

03 再次单击拓扑方式中的"蒙皮"按钮，生成主要边线造型，如图6-71所示。

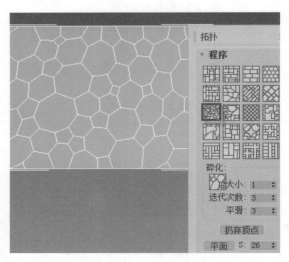

图6-71　蒙皮拓扑

04 按数字【4】键，切换到多边形方式，选择所有的面，执行"插入"操作，方式为组，生成天花造型的边缘部分，如图6-72所示。

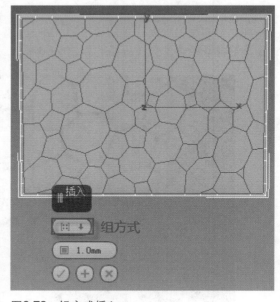

图6-72　组方式插入

再次执行"插入"编辑，方式为"多边形"，生成中间部分的边框造型，如图6-73所示。

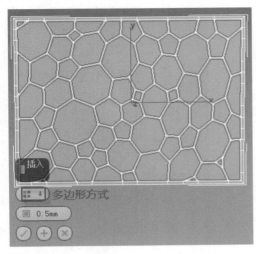

图6-73　中间边框部分

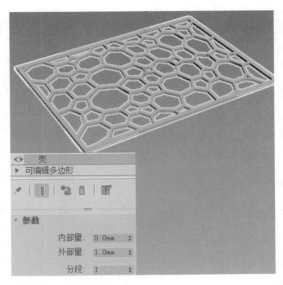

图6-74　天花造型

05 按【Delete】键，退出子编辑，添加"壳"命令，生成天花造型，如图6-74所示。

6.2.8　车边镜 ▼

车边镜又称为装饰镜，适用于客厅、浴室、壁拉门、梳妆台等。车边镜的边缘都被磨成斜边，这样装饰也不容易伤到人，如图6-75所示。

图6-75　车边镜

01 在前视图中，创建平面对象，设置参数，如图6-76所示。

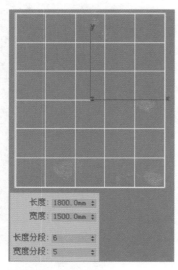

长度: 1800.0mm
宽度: 1500.0mm

长度分段: 6
宽度分段: 5

图6-76 平面图形

02 将透视图切换为当前视图，按【Alt+W】组合键，将其执行最大化显示，选择平面，右击，在弹出的屏幕菜单中选择"转换为/转换为可编辑多边形"命令，按数字【2】键，切换到边的方式，按【Ctrl+A】组合键，单击"连接"后面的□按钮，在弹出的对话框中设置参数，如图6-77所示。

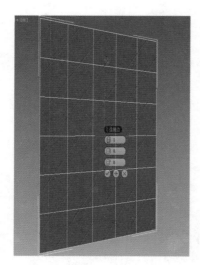

图6-77 连接边

03 在边的方式下，将中间原来的线条执行"移除"操作，如图6-78所示。

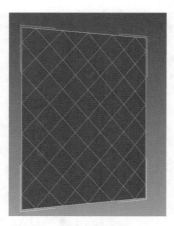

图6-78 删除中间边线

04 按数字【4】键，切换到"多边形"编辑方式，按【Ctrl+A】组合键，单击"倒角"后面的□按钮，在弹出的对话框中设置参数，如图6-79所示。

图6-79 倒角方式和参数

05 单击"倒角"对话框中的☑按钮，按数字【6】键，退出多边形子编辑，生成车边镜造型，如图6-80所示。

图6-80 车边镜素模

6.2.9　波浪背景墙　▼

　　波浪板是一种新型时尚的室内装饰板材。主要应用于宾馆、会所、家居装饰、歌舞厅、度假村、商场、豪宅、别墅等装饰工程，特别适合于设计门厅、玄关、背景墙、电视墙、廊柱、吧台、门、吊顶、展架，可代替天然木皮、贴面板等。波浪板目前主要有直波纹、水波纹、冲浪纹、金甲纹、纺织纹、雪花纹等几十种花纹造型，表面效果有纯白板、贴金银、珠光板、星光板、裂纹漆板、仿石等近30种效果。其造型优美、工艺精细、结构均匀、立体感强、绿色环保、时尚高贵的特性深受广大消费者的喜爱，如图6-81所示。

图6-81　波浪背景墙

1．模型分析

　　波浪板造型表面有一些随机的波浪凹凸，具有很强的随机性，因此，在建模时，最好通过随机的变形或是调整进行，表面还有一些圆滑的凹凸不平，因此，可以使用"涡轮平滑"的方式进行。

2．制作步骤

`01` 在前视图中创建平面，设置参数，添加"涡轮平滑"命令，如图6-82所示。

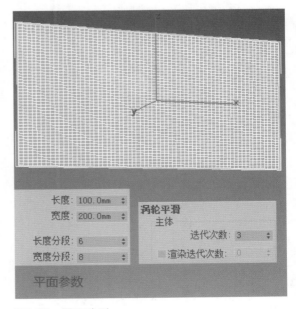

图6-82　平面造型

02 在"命令"面板的"修改"选项中，添加"置换"命令，并将其与材质编辑器进行"实例"复制，添加"细胞"程序贴图，如图6-83所示。

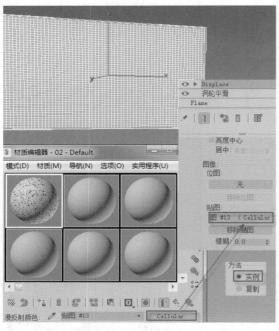

图6-83　贴图实例复制

03 设置细胞程序贴图和置换参数，如图6-84所示。

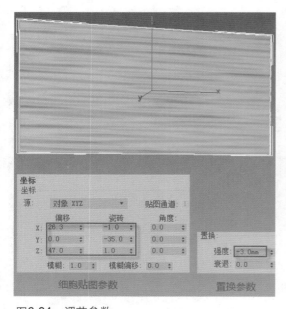

图6-84　调节参数

04 在"命令"面板的"修改"选项中，返回"涡轮平滑"编辑器，更改"迭代次数"，如图6-85所示。

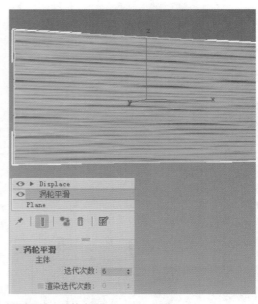

图6-85　调整参数

将编辑命令塌陷到"可编辑多边形"操作，通过"收缩/扩散"操作进行变形调整，在使用时，按【Alt】键进行绘制，生成最后的波浪板造型，如图6-86所示。

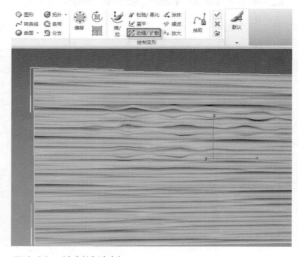

图6-86　绘制波浪板

第 **7** 章 材质编辑

本章要点：
① 材质基础知识
② 常见材质
③ 常见贴图
④ 实战案例

通过前面章节建模知识的学习，广大读者可以创建出场景所需要的模型。此时的模型只是外观看起来像，但表面的材质表现还不够细腻和逼真。通过对物体材质的添加，可以将效果图表现得更加真实。当然渲染出真实的自然效果，还需要材质、灯光和渲染设置的相互配合。

7.1 材质基础知识

在 3ds Max 软件中，材质和贴图主要用于描述模型表面的物质状态，构造真实世界中自然物质的视觉表象。不同的材质与贴图能够给人们带来不同的视觉感受，因此，在 3ds Max 软件中，材质是营造客观事物真实效果的最有效手段之一。渲染的结果还需要结合灯光和渲染器来进行，渲染器不同，渲染的结果有所不同。

7.1.1 理论知识 ▼

1. 材质

材质，顾名思义，即物体的材料质地。就是日常生活中所提到的材料，如墙面上的壁纸，壁纸就是墙面装修的材质。在 3ds Max 软件中，物体的材质主要通过颜色、不透明度和高光特征等方面来体现。

对于玻璃球、橡胶球和不锈钢球三个不同物体。在建模时，模型效果都是一样的。通过颜色、不透明度和高光特征等方面，将三个不同材质的物体区分开。颜色、不透明度和高光特征等方面也被称为材质的三要素，通过三要素的调节构成最基本的材质元素。三要素中的任何一个不一样，在软件中，则表现为不同的材质。

2. 贴图

贴图是指依附于物体表面的纹理图像。用于替换材质三要素中的颜色部分，如：皮肤材质。对于皮肤来讲，表面并不是单一的颜色，而是具有皮肤纹理的图像。

对于某个物体来讲，可以没有贴图，但不能没有材质。贴图属于材质三要素中替换颜色的操作。

3. 贴图通道

通过给物体添加贴图，实现材质的特殊效果，如折射贴图。在折射贴图方式中，添加贴图，实现材质的折射效果。凹凸贴图，通过添加凹凸贴图实现物体渲染时表面的凹凸特点。

7.1.2 材质编辑器 ▼

材质编辑器是用于编辑场景模型纹理和质感的工具，它可以编辑材质表面的颜色、高光和透明度等物体质感属性，并且可以指定场景模型所需要的纹理贴图，使模型更加真实。

1. 材质编辑器界面

按【M】键，打开材质编辑器，也可以根据使用者的个人喜好，在主工具栏中，在下拉列表中，选择开启精简模式或 Slate 模式，如图 7-1 所示。

该对话框分为上、下两部分，上半部分由样本球、工具行和工具列组成，下半部分为材质以及材质的基本参数。

2. 样本球

样本球用于显示材质和贴图的编辑效果。默认时每个样本球代表一类材质，总共 24 个样本球。右击样本球，可以在弹出的屏幕菜单中，更改默认的显示方式。

3. 工具行

工具行即位于样本球下端的工具按钮行，在此介绍常用的工具按钮。

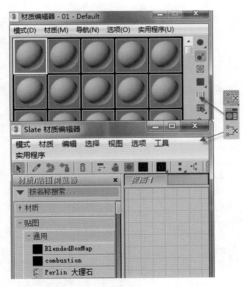

图7-1　材质编辑器模式

● 获取材质：用于新建或打开存储过的材质。在材质编辑器界面中，按【G】键，弹出获取材质对话框，在弹出的界面中，选择浏览方式。

● 赋材质：用于将当前样本球的材质效果，赋予场景中已经选择的物体。若该按钮显示灰色，表示当前样本球的材质不可用或场景中没有选择物体。

● 重置贴图：将当前材质的各个选项恢复到系统默认设置。

● 放入库：将当前样本球的材质存入当前材质库。方便在其他文件中使用该材质。放入库时，需要给材质取名。

● 材质效果通道：单击该按钮后，在弹出的列表中选择ID编号，指定Video Post通道，以产生材质特殊效果。

● 在视口中显示贴图：单击该按钮后，物体上的贴图即在视口中显示。默认时，贴图在渲染时显示贴图。

7.1.3　标准材质及参数　▼

不同的材质，会有不同的材质参数。默认时，

1. 明暗器基本参数

在现实世界中每一种物体都具有它特别的

● 转到父级：将当前编辑操作移到材质编辑器的上一层级。

● 转到同一级：将当前编辑操作跳转到同一级别的其他选项。

4. 工具列

工作列选项中有很多命令按钮，通常影响样本球的显示效果。因此，平时在操作时，很少更改。

● 采样类型：用于设置样本球的显示方式，单击该按钮时，可以从中选择长方体或圆柱体的显示效果。只影响样本球，不影响实际效果。

● 背光：用于设置样本球的背景光。影响样本球的三维显示效果。

● 背景：单击该按钮后，为样本球添加方格背景，方便设置材质的半透明效果。

● UV平铺：单击该按钮后，样本球中显示贴图的平铺效果，仅影响样本球的显示效果，与实际渲染无关。

● 视频颜色检查：单击该按钮后，用于检查场景视频生成时，物体颜色的溢色问题，出现红色曝光提示时，表示该颜色在生成视频后颜色出问题。

● 生成预览：将当前场景中的材质进行关键帧预览。方便检查动画输出时材质的问题。

● 选项：单击该按钮后，用于设置材质编辑器的默认选项，方便恢复和还原默认材质编辑器的状态。

● 材质/贴图导航器：用于查看当前物体材质以及使用贴图的情况，方便快速更改当前物体的贴图。

标准材质可以实现生活中的所有材质效果。

表面特性，所以一眼就可以分辨出物体的材质是金属还是玻璃。明暗器就是用于表现各种物体不同的表面属性，如图7-2所示。

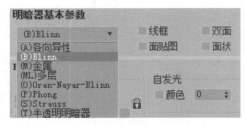

图7-2　明暗器基本参数

"着色类型"列表：用于设置不同方式的材质着色类型。不同的着色类型有各自不同的特点。

● 各向异性明暗器：可以产生一种拉伸、具有角度的高光效果，主要用于表现拉丝的金属或毛发等效果。

● Blinn 明暗器：高光边缘有一层比较尖锐的区域，用于模拟现实中的塑料、金属等表面光滑而又并非绝对光滑的物体。

● 金属明暗器：能够渲染出很光亮的表面，用于表现具有强烈反光的金属效果。

● 多层明暗器：将两个各向异性明暗器组合在一起，可以控制两组不同的高光效果，常用于模拟高度磨光的曲面效果。

● Oren-Nayar-Blinn 明暗器：是 Blinn 明暗器的高级版本，用于控制物体的不光滑程度，主要用于模拟如布料、陶瓦等效果。

● Phong 明暗器：可以渲染出光泽、规则曲面的高光效果，用于表现塑料、玻璃等。

● Strauss 明暗器：用于模拟金属物体的表面效果，它具有简单的光影分界线，可以控制材质金属化的程度。

● 半透明明暗器：能够制作出半透明的效果，光线可以穿过半透明的物体，并且在穿过物体内部的同时进行离散，主要用于模拟蜡烛、银幕等效果。

● 线框：勾选该复选框后，可以显示选中对象的网格材质特征。

● 双面：勾选该复选框后，选中的物体显示双面效果，适用于单面物体的材质显示。

● 面贴图：默认的贴图方式，勾选该复选框后，贴图在物体的多边形面上显示。

● 面状：勾选该复选框后，物体材质贴图显示"面块"效果。

2．基本参数

着色列表内容不同，所对应的基本参数也会有所不同。基本参数是进行材质编辑的主要参数，通过更改参数，实现不同的材质效果。基本参数，如图7-3所示。

图7-3　基本参数

● 环境光：用于表现材质的阴影部分。通常与"漫反射"锁定，保持一致。

● 漫反射：用于设置材质的主要颜色，通过后面的贴图按钮，可以添加材质的基本贴图。

● 高光反射：用于设置材质高光的颜色，保持默认。因为材质的高光颜色，通常还与灯光的颜色有关系。

● 自发光：用于设置材质自发光的颜色。若要设置数值时，保持自发光的颜色与漫反射的颜色保持一致。设置颜色时，直接影响自发光的颜色效果。

● 不透明度：用于设置材质的透明程度，值越大，材质表现越透明。

● 高光级别：用于设置材质高光的强度，值越大，材质的高光越强。

● 光泽度：用于设置物体材质高光区域的大小，影响材质表面的细腻程度。

● 柔化：用于设置物体材质高光区域与基本区域的过渡。

3．扩展参数

扩展参数用于进一步对材质的透明度和网格状态进行设置，如图7-4所示。

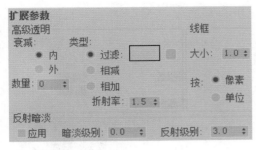

图7-4　扩展参数

● 高级透明：用于设置材质的透明程度。通过衰减的类别，设置在内部还是在外部进行衰减。通过数量参数，控制透明的强度。

● 线框：用于设置线框渲染时，线框的粗细程度。设置该参数时，需要提前选中"明暗器基本参数"中的"线框"选项。

● 折射率：用于设置材质的折射强度，通常为1.0～2.0。

7.2 常见材质

在日常使用材质时，除了标准材质外，还需要用到其他的材质类型，如光线跟踪材质、建筑材质、多维/子对象材质等。

7.2.1 光线跟踪材质 ▼

光线跟踪材质是一种比标准材质高级的材质类型，它不仅包括了标准材质所具有的全部特性，还可以创建材质真实的反射和折射效果。并且支持颜色、浓度、半透明、荧光等其他特殊效果，主要用于制作玻璃、液体和金属等材质效果。光线跟踪材质是3ds Max软件默认扫描线渲染支持的材质，更换渲染器后，如VRay渲染器，光线跟踪材质不支持。

1. 材质参数

光线跟踪材质的基本参数与标准材质参数类似，在此主要介绍与标准材质不同的参数，如图7-5所示。

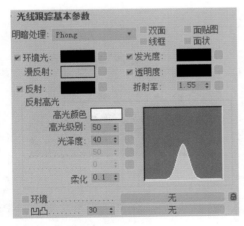

图7-5　光线跟踪材质

● 反射：可以通过颜色或数值，控制该材质反射的强弱。颜色越深，反射越弱。数值越小，反射越弱。通常在反射贴图方式中，添加衰减贴图。

● 透明度：可以通过颜色或数值，控制材质的透明程度。颜色越深，材质越不透明。

● 折射率：用于设置材质折射的强度，通常为1.0～2.0。

2. 实战应用：不锈钢材质

01 在场景中创建平面和茶壶对象，设置各自的参数和段数，如图7-6所示。

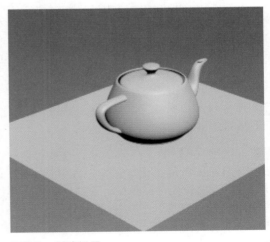

图7-6　创建场景

02 选择"平面"对象,按【M】键,打开材质编辑器,选择空白样本球,单击工具行上的 按钮,将材质赋予已选中对象。

03 单击"漫反射"后面的贴图按钮,在弹出的界面中,双击"位图",在弹出的界面中,选择地板纹理图像。

04 选择"茶壶"模型,选择空白样本球,单击工具行上的 按钮,单击 Standard 按钮,在弹出的界面中,双击"光线跟踪"材质,将当前样本球的材质更换为光线跟踪材质。在材质明暗器类型选项中,在下拉列表中选择"各向异性",单击"漫反射"后面的颜色,将其更换为白色,高光级别设置为130,光泽度为80,取消勾选"反射"复选框,设置数值为20,单击后面的贴图按钮,在弹出的界面中,双击"衰减"贴图,设置衰减类型为"Fresnel【菲涅耳】",调节曲线,如图7-7所示。

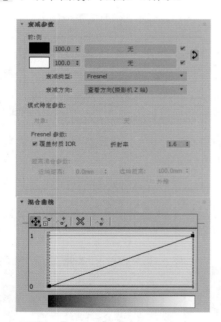

图7-7　Fresnel衰减

05 单击材质编辑器工具行后面的 按钮,返回材质编辑器界面,如图7-8所示。

06 按数字【8】键,打开环境和效果对话框,单击环境贴图中的"无"按钮,在弹出的贴图界面中,双击位图贴图类型,在弹出的列表中,选择 *.hdr 格式文件。按快捷键【M】,将环境中的贴图单击并拖放到空白样本球上,在弹出的界面中,选择"实例"方式。在贴图列表中选择"球形环境",如图7-9所示。

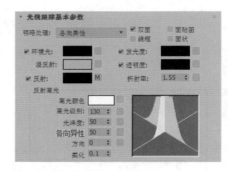

图7-8　基本参数

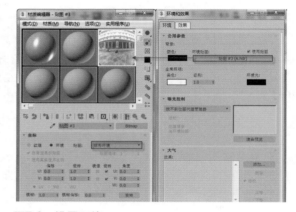

图7-9　设置环境

07 选择透视图或相机视图,按【Shift+Q】组合键,渲染当前场景,得到不锈钢材质效果,如图7-10所示。

图7-10　不锈钢材质

技巧说明

在制作反射类材质时,如不锈钢、镜面等,需要注意场景的环境。特别是在产品效果图时,需要手动指定场景的环境。环境文件格式通常为 *.dds 或 *.hdr 格式的文件,环境的贴图类型为球形环境。

7.2.2　建筑材质　▼

建筑材质具有真实的物理属性，与光度学灯光和光能传递渲染器相结合，可以得到逼真的材质效果。通过建筑模板，可以快速生成不同的常见材质。

1．材质参数

建筑材质参数，如图7-11所示。

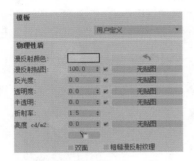

图7-11　建筑材质

● 模板：在"模板"下拉列表中，提供了室内外建筑材质模板，每个模板都为材质参数提供了预设值。

● 漫反射颜色：设置材质的漫反射颜色，如果被指定了漫反射颜色，那么单击后面的 ↖ 按钮，可以将贴图颜色的平均值设置为漫反射颜色。

● 漫反射贴图：为漫反射颜色通道指定贴图。

● 反光度：以百分比的方式设置材质的反光强度，数值为100时，表示材质达到最高亮度。减小数值会使材质的反射下降，同时增加高光的范围。

● 透明度：用于设置材质透明程度，参数越高材质越透明。

● 半透明：用于设置材质的半透明程度。半透明度可以模拟蜡烛、皮肤等材质透光但不透明的属性。

● 折射率：用于设置材质的折射强度，该参数与现实世界中物体的折射率基本相同。对于不透明的材质，该参数越高，材质的反射效果越强。

● 亮度：用于设置具有发光属性的物体在光能传递的场景中照明场景。

2．实战应用：白色陶瓷茶壶

01 在场景中创建平面和茶壶。生成简易场景，与不锈钢材质场景类似，如图7-12所示。

图7-12　茶壶场景

02 选择"茶壶"模型，在弹出的材质编辑器中，单击 Standard 按钮，在弹出的界面中，双击"建筑"材质。在"模板"下拉列表中，选择"瓷砖，光滑的"，设置漫反射颜色为白色。

03 设置渲染环境贴图。与不锈钢材质类似，在此不赘述。按【Shift+Q】组合键，进行渲染，得到陶瓷茶壶材质，如图7-13所示。

图7-13　陶瓷材质

技巧说明

在建筑类材质中，只需在下拉列表中，选择所需要的材质模板，简单设置部分参数即可。广大读者可以进行练习。

7.2.3 多维/子对象材质 ▼

多维/子对象材质可以根据物体的ID编号，将一个整体对象添加多种不同的子材质。多维/子对象材质属于常见的复合材质类型。

1. 材质界面

多维/子对象材质界面，如图7-14所示。

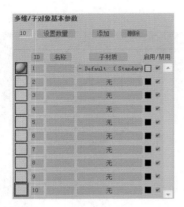

图7-14 多维/子对象

● 设置数量：单击该按钮后，可以设置子材质的数目。默认子材质数目为10个，根据实际需要可以设置多个子材质。

● 添加：单击一次该按钮，即可为当前多维子材质添加一个新的子材质。

● ID：显示当前材质的ID编号，需要与"编辑多边形"中的ID号顺序保持一致。

2. 实战应用：显示器

01 在3ds Max软件中，创建长方体并设置参数，通过编辑多边形的方式，生成显示器基本模型，如图7-15所示。

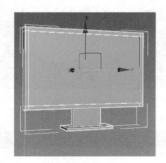

图7-15 显示器

02 在"编辑多边形"方式中，按数字【4】键，选中"忽略背面"选项，在透视图中，选择中间多边形区域，在"材质ID"选项中，在"设置ID"后面的文本框中，输入设置的数字编号并按【Enter】键。设置选择区域的ID编号，如图7-16所示。按【Ctrl+i】组合键，实现反选，再次设置选择区域的材质ID。退出当前多边形子编辑。

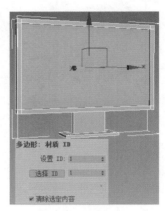

图7-16 设置ID编号

03 按【M】键，弹出"材质编辑器"对话框，单击"Standard"按钮，在弹出的界面中，双击"多维/子对象"材质，更改当前材质为"多维/子对象材质"，单击工具行中的按钮，实现赋材质。依次设置材质ID对应的子编辑，即实现一个物体根据ID添加不同子材质，根据需要，添加"UVW贴图"进行贴图纠正，如图7-17所示。

图7-17 多维/子对象材质

7.3　常见贴图

依附于物体表面的纹理图像，被称为贴图。贴图的主要作用是模拟物体表面的纹理和凹凸效果。还可以将贴图指定到贴图通道，实现材质的透明度、反射、折射以及自发光等材质基本特性。

利用贴图不但可以为物体的表面添加纹理效果，提高材质的真实性，还可以用于制作背景图案和灯光的投影。3ds Max软件提供了大量的贴图类型，下面介绍常用的贴图和贴图通道。

7.3.1　位图 ▼

位图贴图是最常用的贴图类型。在 3ds Max 软件中，支持的图像格式包括JPG、TIF、PNG、BMP等。还可以将AVI、MOV等格式的动画画面，作为物体的表面贴图。

1. 贴图参数

在材质界面中，单击漫反射后面的贴图按钮，添加位图后，进行参数设置，位图参数包括坐标和基本参数，如图7-18所示。

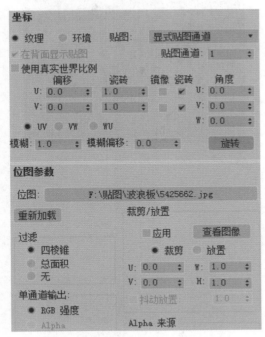

图7-18　位图参数

● 偏移：用于设置沿着U向（水平方向）或V向（垂直方向）移动图像的位置。

● 瓷砖：也称为平铺，用于设置当前贴图在物体表面的平铺效果。当为奇数时，平铺后的贴图，在物体表面可以完整显示。

● 角度：设置图像沿着不同轴向旋转的角度。通常更改W方向，调整贴图在物体表面的显示角度。

● 模糊：用于设置贴图与视图之间的距离，来模糊贴图。

● 模糊偏移：为当前贴图增加模糊效果，与距离视图的远近没有关系，当需要柔和焦散贴图时，以实现模糊图像时，需要选中该选项。

● 位图：单击位图后面的按钮，在弹出的界面中，重新加载或选择另外贴图。默认时，显示当前贴图所在路径和文件名。

● 查看图像：用于选取当前贴图的部分图像，作为最终的贴图区域。使用时，单击"查看图像"按钮，在弹出的界面中，根据需要，选择图区域，关闭后，再次勾选"应用"复选框即可。

2. 实战应用：木地板贴图

01 选择地面模型，按【M】键，选择空白样本球，单击工具行中的按钮，单击"漫反射"后面的贴图按钮，在弹出的界面中，双击"位图"，在弹出的界面中，选择需要添加的贴图，如图7-19所示。单击工具行中的按钮，实现在视口中显示贴图效果。

02 设置贴图的"平铺"效果。尽量设置为奇数，贴图在物体表面可以完整显示。单击工具行右侧的按钮，返回上一层级。展开"贴图"展卷栏，单击反射后面的 None

按钮，在弹出的界面中，双击"衰减"按钮，再次单击工具行右侧的 ❋ 按钮，返回上一层级。设置反射贴图的强度数量，在贴图展卷栏中，单击"漫反射"后面的按钮并拖动到"凹凸"后面的按钮上，选择"实例"复制。设置凹凸的强度数量为40，如图7-20所示。

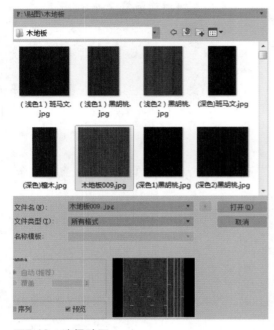

图7-19　选择贴图

03 参数设置完成后，执行渲染，建议使用 VRay 渲染器进行，得到木地板效果，如图7-21所示。

图7-20　凹凸贴图

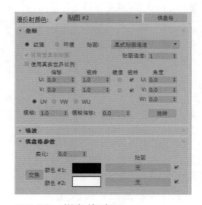

图7-21　木地板效果

7.3.2　棋盘格贴图 ▼

棋盘格贴图用于实现两种颜色交互的方格图案，通常用于制作地板、棋盘等效果。在棋盘格图中，不适合用贴图替换方格的颜色。

在材质界面中，单击漫反射后面的贴图按钮，在弹出的界面中，双击"棋盘格"贴图，如图7-22所示。

● 柔化：用于设置方格之间的模糊程度。值越大，方格之间的颜色模糊越明显。

● 交换：单击该按钮后，颜色 #1 与颜色 #2 可以进行交换。

● 贴图：选择要在方格颜色区域内使用的贴图。

图7-22　棋盘格贴图

7.3.3 其他贴图 ▼

1. 大理石贴图

大理石贴图可以生成带有随机颜色纹理的大理石效果，方便生成随机的"布艺"纹理，还可以添加到"凹凸"贴图通道中，实现水纹玻璃效果，如图7-23所示。

图7-23 大理石参数

● 大小：用于设置大理石纹理之间的间距。

● 纹理宽度：用于设置大理石纹理之间的宽度，数值越小，宽度越大，如图7-24所示。

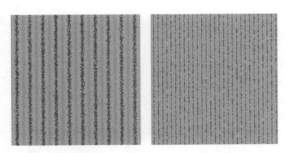

图7-24 纹理宽度不同

2. 衰减贴图

衰减贴图可以产生从有到无的衰减过程，通常应用于反射、不透明贴图通道，如不锈钢材质反射的衰减效果，如图7-25所示。

● 衰减类型：用于设置衰减的类型方式，在下拉列表中选择，共提供了5种衰减类型。

● 垂直/平行：在与衰减方向相垂直的法

线和与衰减方向平行的法线之间，设置角度衰减范围。衰减范围为基于平面法线方向改变90度。

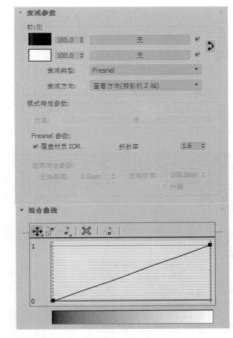

图7-25 衰减参数

● 朝向/背离：在面向衰减方向的法线和背离衰减方向的法线之间，设置角度衰减范围。衰减范围为基于平面法线方向改变180度。

● Fresnel（菲涅耳）参数：基于折射率的调整。在面向视图的曲面上产生暗淡反射，在有角的面上产生较明亮的反射，产生类似于玻璃面上一样的高光。

● 阴影/灯光：基于落在对象上的灯光在两个子纹理之间进行调节。

● 距离混合参数：基于近距离值和远距离值，在两个子纹理之间进行调节。

7.4 实战案例——地面砖平铺、篮球、新建或导入材质

通过前面基础材质的学习，对于基本的理论术语和材质的用法都已经掌握，接下来通过几个综合案例来介绍在实际工作时，材质的具体操作方法和使用技巧。

7.4.1　地面砖平铺　▼

在实际制作地面砖平铺效果时，通过"UVW贴图"的方式，可以实现精确的平铺效果，方便在实际铺设室内空间时，预算所用的地砖数量。

1．建模赋材质

在3ds Max软件中，新建长方体，长、宽、高尺寸依次为4 500mm×4 100mm×10mm。按【M】键，在弹出的界面中，选择空白样本球，单击工具行中的 按钮。单击漫反射后面的贴图按钮，在弹出的界面中，双击位图，选择地面砖贴图。单击工具行中的 按钮，如图7-26所示。

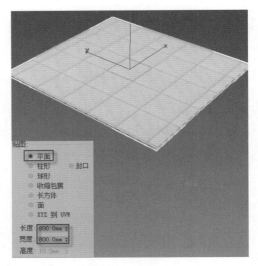

图7-27　UVW平铺

将UVW贴图前面的 ▶ 展开，选择"Gizmo"，按【Alt+A】组合键，将变换轴心与模型进行对齐。设置参数，对齐完成后，显示实际平铺效果，可以查看实际的平铺数量。在实际显示数量的基础上，上浮15%即可，如图7-28所示。

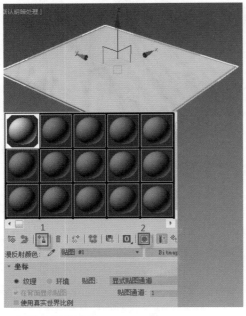

图7-26　显示贴图

2．设置UVW

在"命令"面板的"修改"选项中，添加"UVW贴图"命令，设置长度和宽度为单块地砖尺寸800mm×800mm，如图7-27所示。

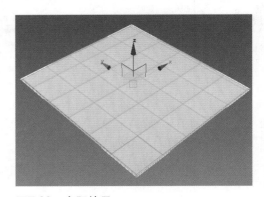

图7-28　实际效果

7.4.2　篮球　▼

篮球对于广大读者并不陌生，下面，将通过材质的方式来实现篮球表面的真实效果。

1．创建凹凸贴图

在"命令"面板的"新建"选项中，单击球体按钮，在前视图中创建球体并复制，设置

球体颜色为白色，如图7-29所示。

按【Shift+Q】组合键进行渲染，保持默认环境颜色，单击渲染对话框左上角的 按钮，

对页面图形执行保存操作，如图7-30所示。

图7-29 球体

图7-30 凹凸贴图

2．创建纹理贴图

在顶视图中，利用二维线绘制篮球表面的黑色边框，设置其渲染属性，如图7-31所示。

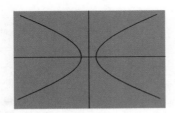

图7-31 纹理线条

按数字【8】键，弹出"环境和效果"对话框，设置渲染背景颜色为篮球的暗红色，按【Shift+Q】组合键，渲染保存纹理图像，如图7-32所示。

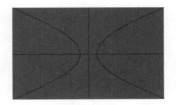

图7-32 渲染保存

3．建模并赋材质

在顶视图中创建球体对象，按【M】键，在弹出的材质编辑器中，单击漫反射后面的贴图按钮，选择"球纹理"图像。在凹凸贴图通道中，添加"凹凸贴图"所生成的图像，设置其"平铺"参数和对贴图进行剪裁操作，按【Shift+Q】组合键，如图7-33所示。

图7-33 初步结果

选择物体，在"命令"面板的"修改"选项中，添加"UVW贴图"编辑方式，设置贴图方式为"平面"，按【Shift+Q】组合键，渲染查看结果，由于没有添加灯光，只能看到大体效果，如图7-34所示。

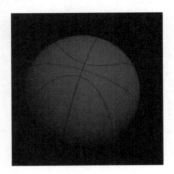

图7-34 篮球

7.4.3 新建或导入材质 ▼

在日常使用和编辑材质时，材质编辑器中的样本球默认时只有一个材质，即共24类材质，远远达不到实际作图所需的材质数量。

平时在应用材质时，通常将已经设置过的材质存储，方便再次使用。

1. 新建材质

01 将样本球中默认材质赋予当前选中物体，并进行命名，如图7-35所示。

图7-35 材质取名

02 单击材质工具行中的 ▧ 按钮，在弹出的界面中，双击材质区域右侧材质，如标准材质，如图7-36所示。

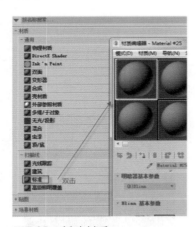

图7-36 新建材质

03 选择另外的物体模型，单击材质工具行中的 ➚ 按钮，设置材质参数并取名。

04 此时，该样本球就可以使用多种材质。若需要调节已经赋过材质的物体效果，需要选择材质编辑器中的 ✎ 按钮，在物体上单击，拾取材质。物体上的材质即显示在当前样本球，直接更改参数即可，如图7-37所示。

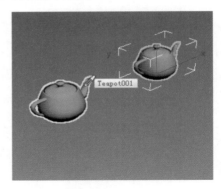

图7-37 拾取材质

2. 导入或加载材质库

按【M】键，打开材质编辑器界面，单击工具行中的 ▧ 按钮，在弹出的界面中，单击左上角的 ▼ 图标，选择"打开材质库"命令，弹出对话框，如图7-38所示。

图7-38 打开材质库

选择要载入的材质库文件，单击 打开(O) 按钮，在材质浏览窗口中，双击选择要使用的材质，单击工具行中的 ➚ 按钮，给选中的对象，快速加载材质参数，如图7-39所示。

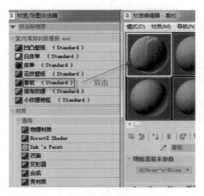

图7-39 使用材质库中的材质

第 **8** 章 灯光调节

本章要点：

① 灯光类型

② 灯光添加与参数

③ 实战案例

　　通过前面建模和材质的学习，在进行正式渲染或动画输出时，还实现不了好看的效果，最主要的原因就是渲染场景时没有灯光的参与。在3ds Max软件中，灯光是表现场景基调和烘托气氛的重要手段。良好的灯光效果，可以使场景更加生动、更具有表现力，使人有身临其境的感觉。作为3ds Max中的一个特殊对象，灯光模拟的不是光源本身，而是光源的照射效果。

8.1 灯光类型

在3ds Max软件中，系统默认有两盏灯，这两盏灯在渲染时不产生投影和高光效果。当手动添加灯光时，系统灯光自动关闭。

3ds Max提供的灯光主要分为标准、光度学和Arnold（阿诺德）三类灯光。标准灯光模拟各种灯光设备，有聚光灯、平行光、泛光灯和天光等。光度学灯光是通过光学数值精确定义的灯光，Arnold（阿诺德）灯光是一种Arnold（阿诺德）渲染器专用的灯光。

8.1.1 标准灯光 ▼

标准灯光共有4种类型，分别为聚光灯、平行光、泛光灯和天光。不同类型灯光的发光方式不同，所以产生的光照效果也有很大差别，如图8-1所示。

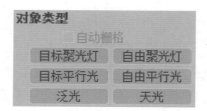

图8-1 标准灯光

1. 聚光灯

聚光灯是一种具有方向和目标的点光源，分为目标聚光灯和自由聚光灯，类似于路灯、车灯等，通常用于制作场景主光源，如图8-2所示。

图8-2 聚光灯

2. 泛光

泛光是一种向四周扩散的点光源，类似于裸露的灯泡所放出的光线，通常用于制作辅助光来照明场景，如图8-3所示。

图8-3　泛光灯

3．平行光

　　平行光是一种具有方向和目标，但不扩散的点光源。平行光分为目标平行光和自由平行光两种，通常用于模拟阳光的照射效果。

　　平行光的原理就像太阳光，会从相同的角度照射范围以内的所有物体，而不受物体位置的影响。当需要显示阴影时，投影的方向都是相同的，而且都是该物体形状的正交投影，如图8-4所示。

图8-4　平行光

4．天光

　　天光也是一种用于模拟日光照射效果的灯光，它可以从四面八方同时对物体投射光线。场景中任一点的光照是通过投射随机光线，并检查它们是否落在另一个物体上或天穹上来进行计算的。平时应用较少，在此不做实例。

8.1.2　光度学灯光　▼

　　光度学灯光与标准灯光类似，但计算方式更加灵活精确。光度学灯光还有一个明显的优点，就是可以使用现实中的计量单位设置灯光的强度、颜色和分布方式等属性。

1．目标灯光

　　目标灯光和自由灯光的区别在于灯光的控制点不同，目标灯光由光源和目标两部分构成，自由灯光只有光源部分，通过旋转和移动来控制灯光的方向，如图8-5所示。

图8-5　目标灯光

2．太阳定位器

太阳定位器用于模拟现实生活中阳光的照射效果，系统遵循太阳在地球上某一给定位置的符合地理学的角度和运动，可以选择位置、日期、时间和指南针方向，也可以设置日期和时间的动画。该系统适用于计划中的和现有结构的阴影研究。此外，以"纬度"、"经度"、"北向"和"轨道缩放"进行动画设置，如图8-6所示。

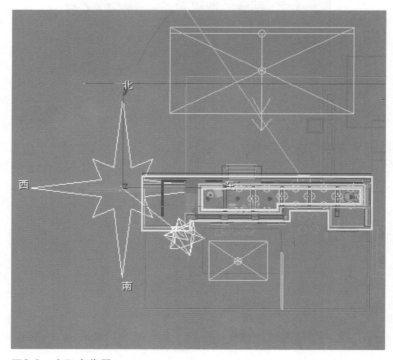

图8-6　太阳定位器

8.2　灯光添加与参数

在了解灯光的基本特点以后，方便进行灯光的添加。除了基本特征以外，合理正常地添加和配置参数，也是特别重要的一个环节。

8.2.1　灯光添加　▼

在"命令"面板的"新建"选项中，单击💡按钮，切换到灯光类别，在下拉列表中，选择"标准"，单击相应的灯光按钮，在视图中单击并拖动鼠标完成灯光对象的创建。

在不同的视图中，通过移动或旋转操作灯光所在的位置，更改参数，调节灯光效果。

> ◎ 技巧说明
>
> 在3ds Max界面中，添加后的灯光对象，需要通过三个单视图调节所在位置和照射的方向，因此，需要广大读者有一定的三维空间意识，方便控制灯光的照射方向和效果。

8.2.2　灯光参数　▼

在标准灯光中，除了天光对象以外，其他三种标准灯光的参数选项基本相同或类似。其中，泛光灯的参数最简单，聚光灯与平行光基本相同，其参数基本类似。

1. 常规参数

灯光的常规参数如图8-7所示。

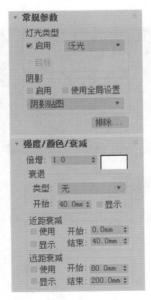

图8-7　常规参数

● 启用：用于打开或关闭灯光。若取消勾选该复选框，即使场景中有灯光，那么该灯光

在渲染时也不产生灯光效果。在后面的下拉列表中，可以更改当前灯光的类型。

阴影选项组

● 启用：用于设置是否开启当前灯光的投影效果。

● 使用全局设置：勾选该复选框后，当前灯光的参数设置会影响场景中所有使用了全局参数设置的灯光。

● 下拉列表：在下拉列表中选择当前灯光的阴影类型。不同的阴影类型，产生的阴影效果不同。

● 排除：选中该单选按钮后，弹出"排除/包含"对话框，用于设置将某物体排除当前灯光的影响，如图8-8所示。

2. 强度/颜色/衰减

● 倍增：用于设置当前灯光的照明强度。以1为基准，大于1时光线增强，小于1时光线变弱，小于0时，具有吸收光线的特点。后面的颜色按钮用于设置灯光的颜色，在对灯光进行颜色设置时，通常为暖色系或冷色系。不能为默认的白色。

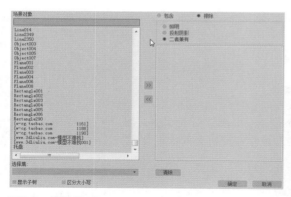

图8-8　排除/包含

● 近距衰减：用于设置当前灯光从产生到最亮的区域，通常不需要设置。

● 远距衰减：用于设置当前灯光的远距离衰减，表示当前灯光从开始衰减到完全结束的区域，在当前灯光远距离衰减区域以外的物体对象，将不受当前灯光的影响。

● 使用：勾选该复选框时，对当前灯光衰减的设置有效。

● 显示：勾选该复选框时，在视图中显示当前灯光开始衰减的范围线框。

● 开始：远距离衰减时，通常将该选项设置为0。

● 结束：用于设置远距离衰减的结束区域。在结束区域以外，当前灯光的效果不可见。

3．投影类型

当勾选"启用"复选框后，可在下拉列表中，选择当前灯光的阴影类型，如图8-9所示。

图8-9　阴影类型

● 阴影贴图：是3ds Max软件默认的阴影类型。阴影贴图的优点是渲染时，所需要的时间短，是最快的阴影方式，而且阴影的边缘比较柔和；阴影贴图的缺点是阴影不够精确，不支持透明贴图，如果要得到比较清晰的阴影，需要占用大量内存，如图8-10所示。

图8-10　阴影贴图

● 光线跟踪阴影：通过跟踪从光源采样出来的光线路径来产生阴影。光线跟踪阴影方式所产生的阴影在计算方式上更加精确，并且支持透明和半透明物体，光线跟踪阴影的缺点是渲染速度较慢，而且产生的阴影边缘十分生硬，常用于模拟日光和强光的投影效果，如图8-11所示。

图8-11　光线跟踪阴影

● 区域阴影：现实中的阴影随着距离的增加，边缘会越来越模糊。利用区域阴影就可以得到这种效果。区域阴影在实际使用时，比高级光线跟踪阴影更加灵活。区域阴影唯一的缺点是渲染时，速度相对较慢，如图8-12所示。

图8-12 区域阴影

高级光线跟踪占用的内存比光线跟踪阴影少，但是渲染速度要慢一些，主要在场景中与光度学灯光配合使用，得到与区域阴影大致相同效果的同时，还具有更快的渲染速度，如图8-13所示。

图8-13 高级光线跟踪

● 高级光线跟踪：是光线跟踪阴影的增强，在拥有光线跟踪阴影所有特性的同时，还提供了更多的阴影参数控制。高级光线跟踪既可以像阴影贴图那样得到边缘柔和的投影效果，还具有光线跟踪阴影的准确性。

8.2.3 光度学灯光 ▼

在 3ds Max 软件中，因为光度学灯光添加使用比较简单，渲染时还能得到好看的灯光效果。所以，光度学灯光得到很多设计师们的青睐。

1．添加

在"命令"面板的"新建"选项中，单击 💡 按钮，切换到灯光类别，在下拉列表中选择"光度学"选项，单击"目标灯光"按钮，在视图中单击并拖动，通过三个单视图调节灯光位置和强度，如图8-14所示。

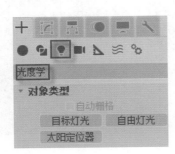

图8-14 光度学

2．参数

场景中添加光度学灯光后，需要设置其参数，如图8-15所示。

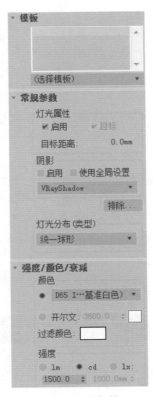

图8-15 光度学参数

● 模板：用于设置光度学灯光所使用的模板。在下拉列表中，可以选择40W灯光、60W灯光、100W灯光和其他常见的灯光类型。选择类型后，光度学灯光自动设置灯光的颜色和强度。

● 常规参数：与前面标准灯光参数类似，在此不赘述。

● 灯光分布（类型）：用于设置当前光度学灯光的类型，包括统一球形、聚光灯、光度学Web和统一漫反射。

● 颜色：光度学灯光的颜色与标准灯光的颜色类似，请参考标准灯光的颜色设置。

● 强度：用于设置当前灯光的强度，可以使用lm（流明）、cd（烛光度）和lx（勒克斯）三种不同的单位计算。通常使用cd（烛光度）单位，来衡量当前灯光的强度。当勾选 ☑ 100.0 ÷ % 时，通过后面百分比的数据，来控制当前光度学灯光的强弱。

3. 光域网添加

在空间场景中，通过添加光域网文件，可以实现漂亮的灯光效果。

01 在"命令"面板的"新建"选项中，单击 按钮，切换到灯光类别，在列表中选择"光度学"选项，单击选择"目标灯光"，在视图中单击并拖动鼠标，完成目标点光源的添加，通过三个单视图调节当前灯光的位置和入射角度。

02 选择灯光，切换到"修改"选项，在"灯光分布"列表中选择"光度学Web"，此时弹出"Web参数"，如图8-16所示。

03 单击 ‹选择光度学文件› 按钮，在弹出的界面中，选择*.ies格式的文件，在缩略图中可以看出该灯的发光效果，如图8-17所示。

04 单击 打开(O) 按钮，完成光域网文件的载入，在灯光强度选项中，设置当前灯光的强度。通常以cd（烛光度）为计量单位，按

【Shift+Q】组合键，进行渲染测试，如图8-18所示。

图8-16 模板选择光度学

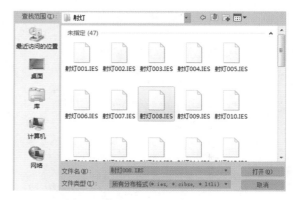

图8-17 选择*.ies文件

图8-18 光域网效果

8.3 实战案例——阳光入射效果、透明材质、室内布光

通过前面灯光基础知识的学习和介绍，广大读者已经对灯光的用法有了一个初步的认识和了解，接下来通过两个综合的案例来学习它们在实际工作中的用法。

8.3.1 阳光入射效果 ▼

通过给场景添加目标平行光来模拟阳光的入射效果。更改阴影类型，让灯光自动适应窗口位置和入射角度，实现阳光的入射效果。

1. 创建场景

创建长方体对象，长度、宽度和高度依次为 4 300mm、3 900mm 和 2 900mm。右击，在弹出的屏幕菜单中选择"转换为 / 转换为可编辑多边形"命令，按数字【5】键，选中长方体右击，选择"翻转法线"命令，设置"背面消隐"选项。得到室内单面空间，如图8-19所示。

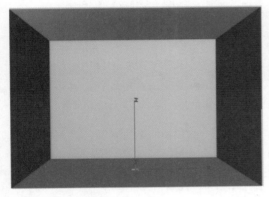

图8-19　场景空间

在编辑多边形中，按数字【2】键，切换到边的方式，勾选"忽略背面"复选框，通过连接和面挤出的方式，生成窗口。导入窗户模型，如图8-20所示。

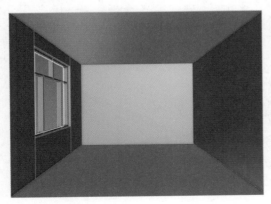

图8-20　窗口

2. 添加灯光

01 在前视图中，在"命令"面板的"新建"选项中，单击💡按钮，在标准灯光列表中，单击"目标平行光"按钮，在前视图中，单击并拖动鼠标，创建目标平行光，用于模拟阳光入射效果，如图8-21所示。

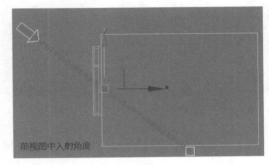

图8-21　平行光位置和角度

02 选择目标平行光，选中"启用阴影"，类型为"阴影贴图"，在阴影贴图参数中，选中"双面阴影"，设置光束和区域的大小以及形状为"矩形"。在前视图中，区域的大小，需要超过窗口的高度，室内添加泛光灯作为辅助光源，渲染测试，如图8-22所示。

图8-22　结果

8.3.2 透明材质 ▼

1. 创建场景

在场景中创建构成场景的基本物体造型，如图8-23所示。

图8-23 简单场景

2. 赋材质

选择茶壶模型，给其赋予白色陶瓷茶壶材质。选择垂直的长方体，给其赋予透明玻璃材质，如图8-24所示。

 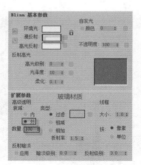

陶瓷材质

图8-24 两种材质参数

3. 添加灯光

在"命令"面板的"新建"选项中，单击
🔆按钮，切换到灯光类别，单击"目标聚光灯"按钮，在视图中单击并拖动鼠标，添加灯光，

选中启用阴影选项，类型为"光线跟踪阴影"，如图8-25所示。

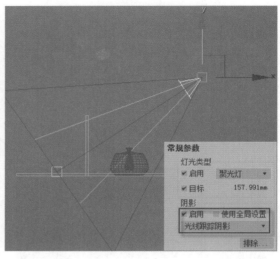

图8-25 设置参数

添加泛光灯作为辅助光源，设置倍增强度为0.4，渲染出图，如图8-26所示。

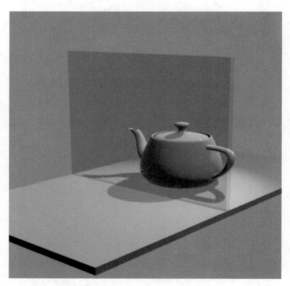

图8-26 渲染结果

8.3.3 室内布光 ▼

通过室内布光的练习，掌握常见空间场景的布光方法，如图8-27所示。

图8-27　室内效果

1. 场景分析

　　在本场景中，主要光源有四类。顶部射灯为一类，客厅顶部灯槽为一类，餐厅顶部灯为一类，餐厅顶部和侧面灯带为一类。同一类别的灯光对象，在复制时，方式为"实例"。在调节灯光参数时，更改任意一个，所有实例复制的灯光参数将统一更改。

　　当前效果图，最终通过VRay渲染完成，在此仅介绍灯光的布置方法。

2. 基本步骤

01 按【Ctrl+O】组合键，打开Max文件。在顶视图中，选择灯头物体，按【Alt+Q】组合键，将其孤立显示，在前视图中，选择光度学灯光，在场景中单击并拖动鼠标创建光度学灯光，将光度学灯光分布方式设置为"光度学Web"，添加光域网文件并设置其参数，参考其他几个单视图，将灯光移动到合适位置，如图8-28所示。

02 在不同的视图中，调整灯光的位置，更改灯光强度和颜色，根据筒灯的位置，执行"实例"的方式对灯光执行复制操作，完成射灯布光，如图8-29所示。

03 在场景中添加"VR球形灯"，将其调整到场景右侧沙发的台灯位置处，使用"实例"的复制方式，生成另外一个台灯，设置其参数，如图8-30所示。

04 在场景中添加"VR球形灯"，调整位置使其为餐厅顶部吊灯效果，调整其参数，如图8-31所示。

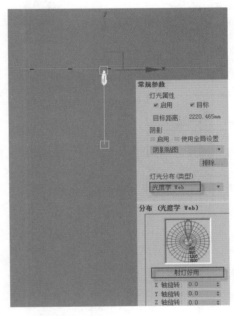

图8-28　添加顶灯

图8-29　射灯布光

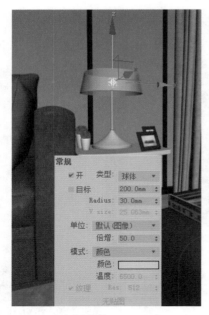

图8-30　台灯参数

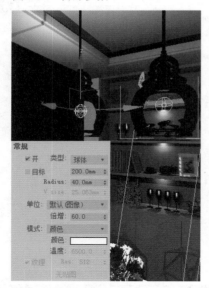

图8-31　餐厅吊灯

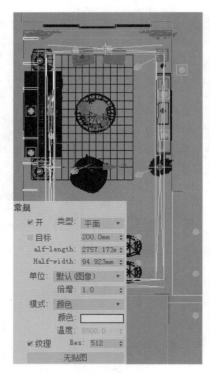

图8-32　灯槽

图8-33　辅助灯光

05 在场景中添加"VR平面"生成顶部灯槽灯光，调整灯光位置、尺寸和方向，设置其参数，如图8-32所示。

06 在场景中，添加辅助光源，分别在客厅顶部和餐厅顶部添加"VR平面"，调整位置和灯光参数，如图8-33所示。

07 主要灯光布置完成后，需要进行渲染测试。将贴图关闭，设置渲染参数后，按【Shift+Q】组合键，进行渲染测试，查看布光完成后的素模效果，如图8-34所示。

图8-34　素模效果

第 **9** 章 摄像机

本章要点:

① 摄像机添加

② 摄像机应用技巧

    在使用3ds Max软件制作效果图时,无论是静态图像的渲染还是影视动画的合成,场景中的内容都需要通过摄像机来体现。通过摄像机不仅可以更改观察的视点,更能体现设计场景空间的广阔和透视。另外,在3ds Max软件中,摄像机还可以非常真实地模拟出景深和运动模糊的效果。

9.1 摄像机添加

在 3ds Max 软件中，摄像机分为目标摄像机、自由摄像机和物理摄像机。前两者的区别类似于目标聚光灯和自由聚光灯的关系，只是摄像机的控制点个数不同。目标摄像机通常用于进行静止场景的渲染展示，自由摄像机通常可以跟随路径运动，方便进行穿梭动画的制作。物理摄像机可以模拟真实相机的结构原理，在使用时，需要调整镜头、光圈、快门和景深等参数。

9.1.1 添加摄像机 ▼

在场景中，通过摄像机可以更改观察的角度和位置，增强场景空间的透视感。

1. 基本操作

在"命令"面板的"新建"选项中，单击 █ 按钮，切换到摄像机选项，单击"目标"按钮，在顶视图中单击并拖动鼠标，创建目标摄像机对象，按【W】键，切换到"选择并移动"工具，在前视图或左视图中，调节摄像机和摄像机目标的位置，在任意图中，按【C】键，切换到摄像机视图，如图9-1所示。

图9-1　摄像机视图

2. 摄像机调节

场景中添加完摄像机后，需要对其进行调节，以达到我们所需要的效果。通常使用目标摄像机进行调整，如图9-2所示。

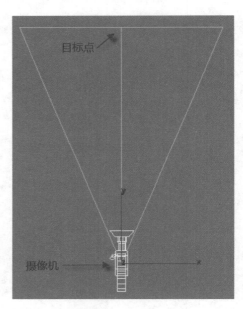

图9-2　目标摄像机

摄像机的高度（距离地面）建议1200~1600mm为宜，通常为正常人站立时，视线的高度，根据仰视或俯视进行轻微调整。

9.1.2 参数说明 ▼

场景中添加摄像机后，在"命令"面板的"修改"选项中，更改摄像机的参数，可以达到满意的参数效果。

场景中添加摄像机后，切换到"修改"选项，调整其参数，如图9-3所示。

● 镜头：用于设置当前摄像机的焦距范围。

通常为50mm左右，数值越大，摄像机的广角越小，生成的摄像机视图内容越少。反之，数值越小，生成的摄像机视图内容越多，可以实现摄像机广角效果。

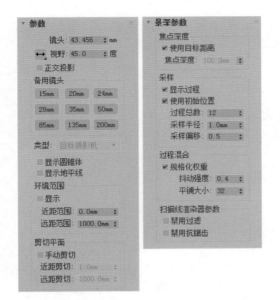

图9-3 摄像机参数

● 视野：用于设置当前摄像机的视野角度，通常与镜头焦距结合使用，更改镜头参数时，视野也会自动匹配。

● 正交投影：勾选该复选框后，摄像机会以正面投影的角度面对物体进行拍摄。

● 备用镜头：摄像机系统提供了9种常用镜头方便快速选择。需要该焦距数值时，只需单击备用镜头的数值按钮即可更改焦距。

● 类型：在下拉列表中，可以更改当前摄像机的类型，可以在目标摄像机和自由摄像机两种类型切换。

● 显示圆锥体：勾选该复选框后，即使取消了摄像机的选定，在场景中也能够显示摄像机视野的锥形区域。

● 显示地平线：勾选该复选框后，在摄像机视图显示一条黑色的线来表示地平线，只在摄像机视图中显示。在制作室外场景中可以借助地平线定位摄像机的观察角度。

环境范围

● 显示：如果场景中添加了大气环境，那么勾选该复选框后，可以在视图中用线框来显示最近的距离和最远的距离。

● 近距范围：用于控制大气环境的起始位置。

● 远距范围：用于控制大气环境的终止位置，大气环境将在起始和终止位置之间产生作用。

剪切平面

● 手动剪切：勾选该复选框后，在摄像机图标上会显示红色的剪切平面。通过调节近距剪切和远距剪切，控制摄像机视图的观察范围，手动剪切的独特之处在于可以透过一些遮挡的物体看到场景内部的情况，方便实现摄像机在空间外部的效果展示。

● 近距剪切：用于设置摄像机剪切平面的起始位置。

● 远距剪切：用于设置摄像机剪切平面的结束位置。

多过程效果

用于对场景中的某一帧进行多次渲染，可以准确地渲染出景深和运动模糊的效果。

景深参数

景深参数展卷栏主要用于设置当前摄像面的景深效果。

● 过程总数：用于设置当前场景渲染的总次数。数值越大，渲染次数越多，渲染时间越长，最后得到的图像质量越高，默认值为12。

● 采样半径：用于设置每个过程偏移的半径，增加数值可以增强整体的模糊效果。

● 采样偏移：用于设置模糊与采样半径的距离，增加数值会得到规律的模糊效果。

2. 视图控制工具

当场景中添加摄像机后，在任意视图中，按【C】键，即可将当前视图转换为摄像机视图，此时位于界面右下角的视图控制区工具会转换为摄像机视图控制工具，如图9-4所示。

图9-4 视图控制工具

● 推拉摄像机：沿着摄像机的主轴移动摄像机图标，使摄像机移向或远离它所指的方向。对于目标摄像机，如果摄像机图标超过目

标点的位置，那么摄像机将翻转180度。

● 🖼透视：透视工具是视野和推拉工具的结合，它可以在推拉摄像机的同时改变摄像机的透视效果，使透视张角发生变化。

● 🖼旋转摄像机：用于调节摄像机绕着它的视线旋转。

● 🖼所有视图最佳显示：单击该按钮后，所有的视图将最佳显示。

● ▷视野：用于拉近或推远摄像机视图，摄像机的位置不发生改变。

● 🖼平移：用于平移摄像机和摄像机目标的位置。

● 🖼环游：摄像机的目标点位置保持不变，使摄像机围绕着目标点进行旋转。

● 🖼最大/还原按钮：单击该按钮，当前视图可以在最大显示和还原之间切换。

9.1.3 摄像机安全框 ▼

在调整摄像机视图时，可以打开安全框作为调整摄像机视角的参考。现在很多人在制作效果图或动画时，所使用的显示器宽高比例不同，场景中添加摄像机安全框以后，也方便查看当前摄像机视图与最终输出画面比例之间的关系，免得出现场景中的部分模型在实际输出时没有显示的问题。

在摄像机视图标签上右击，选择"显示安全框"或者按【Shift+F】组合键，打开安全框选项后，在摄像机视图中会增加一个黄色高亮边框，如图9-5所示。

图9-5　摄像机安全框

● 黄色边框：黄色边框以内为摄像机可以进行渲染的范围，而黄色边框的大小主要取决于在正式渲染时所设置的渲染尺寸和图像纵横比。

9.2 摄像机应用技巧

在了解摄像机的基本参数和特点后，通过下面的摄像机应用案例，让广大读者掌握摄像机使用的技巧。

9.2.1 景深 ▼

3ds Max的摄像机不但可以进行静止场景的渲染，还可以模拟出景深的摄影效果。当镜头的焦点调整在聚焦物体上时，只有唯一的点会在焦点上形成清晰的影像，而其他部分会成为模糊的影像，方便实现主体清晰、背景模糊的景深效果。

1. 创建场景

在场景中创建多个球体对象，并调节其位置关系，如图9-6所示。

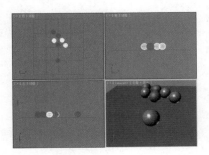

图9-6　创建物体

2. 添加目标摄像机

在"命令"面板的"摄像机"选项中，单击"目标"按钮，在顶视图中单击并拖动创建摄像机，调节摄像机的目标和摄像机的角度，激活透视图，按【C】键，切换为摄像机视图，按【Shift+Q】组合键进行渲染，场景中的全部对象都是清晰的，如图9-7所示。

图9-7　渲染场景

3. 设置景深

选择摄像机，切换到"修改"选项，在"多过程效果"参数中，勾选"启用"复选框，设置景深参数，如图9-8所示。

图9-8　景深参数

参数调整以后，按【Shift+Q】组合键进行渲染测试，如果觉得景深效果不够明显，可以设置"采样半径"的数值，如图9-9所示。

图9-9　景深

◎ 技巧说明

在制作景深效果时，摄像机的目标点需要指定到具体的物体上，也就是在场景渲染时，需要清晰表现的物体上，实现景深的主体对象和背景需要保留一定的空间距离。

9.2.2　室内摄像机　▼

在室内效果图添加摄像机时，通常采用摄像机在室内或摄像机在室外的两种添加方法。当摄像机在场景外面时，需要勾选"手动剪切"复选框，根据实际情况设置近距剪切和远距剪切的参数。当摄像机在场景内部时，需要设置相机校正参数，才可以使当前场景的效果保持更好的透视角度。

在场景内部添加摄像机的步骤如下：

01 在"命令"面板的"新建"选项中，选择目标摄像机，在顶视图中单击并拖动鼠标，完成摄像机添加，在左视图调节摄像机的角度和位置，如图9-10所示。

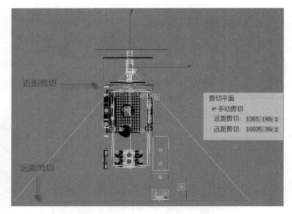

图9-11　设置手动剪切

03 在透视图中，按【C】键，切换当前视图为摄像机视图，通过软件界面右下角的摄像机视图工具，对当前摄像机视图进行微调，得到满意的摄像机观察视图。按【Shift+C】组合键，隐藏摄像机对象，生成摄像机视图，如图9-12所示。

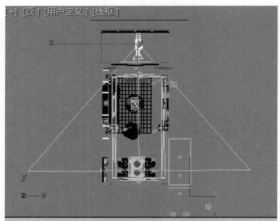

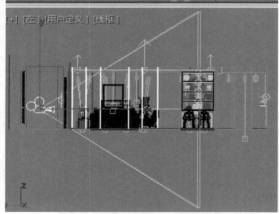

图9-10　摄像机在场景内部

02 选择摄像机，在"命令"面板的"修改"选项中，设置"手动剪切"的参数，如图9-11所示。

图9-12　摄像机视图

第**10**章 动画基础

本章要点：

① 动画入门

② 关键帧动画

③ 时间配置

④ 曲线编辑器

⑤ 实战案例

　　3ds Max软件另外一个重要的功能就是动画的制作，在日常熟悉的各种电影大片中，到处都能看到3ds Max软件制作成动画的影子。最初的动画是由单个的画面，在短时间内连接的播放，形成某个位置的变化，就形成了动画。本章将引领广大读者进入动画的新领域。

10.1 动画入门

传统上所介绍的动画，其概念是不同于一般意义上的动画片。动画是一种综合艺术，它是集合了绘画、漫画、电影、数字媒体、摄影、音乐、文学等众多艺术门类于一身的艺术表现形式。最早发源于19世纪上半叶的英国，兴盛于美国，中国动画起源于20世纪20年代。动画是一门年青的艺术，它是唯一有确定诞生日期的一门艺术。1892年10月28日，埃米尔·雷诺首次在巴黎著名的葛莱凡蜡像馆向观众放映光学影戏，标志着动画的正式诞生，同时埃米尔·雷诺也被誉为"动画之父"。

本书中要讲的动画，是指通过3ds Max 2021软件，让我们创建的虚拟物体或者数字角色动起来的技术。这是一项伟大的技术。以前我们想让角色动起来，传统的方法就是手绘一张张动态并连续的画面，那是一件工序烦琐并且费神费力的工作，但是随着数字技术的快速发展，软件让我们在制作动画的工艺和技巧上有了质的飞跃。所以，想成为一名优秀的动画师必须要掌握这门动画技术。

10.1.1 动画播放面板 ▼

通过前面基础知识的学习和了解，对软件的基本操作已经掌握，在进行正式动画制作时，需要了解让静止画面动起来的基础知识。

1. 时间轴

时间轴默认时位于界面的下方，如图10-1所示。

图10-1 时间轴

时间轴默认为100帧，通过"动画控制区"的 按钮，可以设置时间轴和帧速率。

动画的基础就是必须有时间，如果没有时间的变化，那么世界就是静止的。现实世界中的时间是不可以控制的，但是在我们三维软件中，可以自由地查看时间和编辑时间。

2. 动画控制区

动画控制区主要用于控制动画的播放、暂停和切换帧等相关的操作，位于软件界面的右下方，如图10-2所示。

图10-2 动画控制区

10.1.2 关键帧面板和帧速率面板 ▼

1. 关键帧面板

关键帧的控制区域位于动画控制区的左侧，包括自动关键帧和手动关键帧，如图10-3所示。

图10-3 关键帧

关键帧分为自动关键帧和手动关键帧两个类别，在自动关键帧方式下，每移动一次时间轴时会自动记录当前的状态，后续自动生成关键帧；在手动关键帧方式下，在记录动画时，需要单击关键帧区的"钥匙"按钮。

2. 帧速率面板

帧速率，通俗来讲就是控制每一秒播放多少个画面。在 3ds Max 软件中，帧速率分为 4 种方式，单击动画控制区的 🔧 按钮，弹出"时间配置"对话框，如图10-4所示。

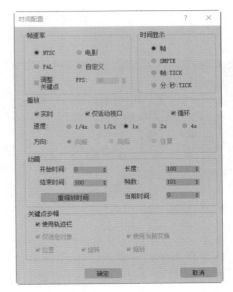

图10-4 帧速率

10.2 关键帧动画

关键帧通常是指关键帧动画，就是给需要动画效果的属性，准备一组与时间相关的值。这些值都是在动画序列中比较关键的帧中提取的，而其他时间帧中的值，可以用这些关键值，采用特定的插值方法计算得到，从而达到比较流畅的动画效果。

那么要在软件中实现关键帧动画，通常需要满足以下条件：

● 关键帧的开关必须要开启记录，操作完成后要关闭关键帧。

● 时间轴上要有位置的变化，在不同的时间段里对当前场景中的操作要有所不同，若有关键帧但不操作时，场景中的模型会一动不动。

● 设置合适的帧速率，来控制动画的总体时间，动画时间通常以秒为最小单位进行核计。

● 在不同的帧时间上，必须让物体或角色出现不同的变化，或者通过不同的属性值来改变物体或角色的形态。

1. 手动关键帧

通过位置的更改来介绍手动关键帧的用法和特点。在场景中打开需要设置关键帧的模型，如图10-5所示。

图10-5 打开文件

01 单击关键帧控制区中的 设置关键点 按钮，此时当前视图的边缘出现环绕的红线，如图10-6所示。

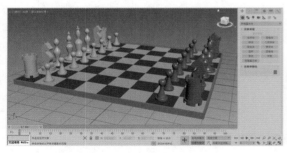

图10-6　关键帧

02 选择一个棋子单击关键帧控制区的 + 按钮，然后将底部的时间轴移动到约20帧的位置处，对当前场景中选择的棋子进行位置更改，如图10-7所示。

图10-7　记录帧

03 此时，单击关键帧控制区的 + 按钮，在时间轴20帧的位置和0帧的位置，各多了一个关键帧的标记。按同样的方法，再次拖动时间轴，更改物体的位置，单击 + 按钮，完成手动关键帧的记录，如图10-8所示。

图10-8　记录帧

04 关键帧记录完成后，单击底部的 设置关键点 按钮，退出关键帧记录操作，单击"动画控制区"的 ▶ 按钮，查看具体的动画运动效果。

2. 自动关键帧

自动关键帧比手动关键帧方便快捷，当然操作手法也很简单，推荐广大读者采用自动关键帧的方法来制作。

01 单击界面关键帧控制区的 自动关键点 按钮，当前视图边缘自动呈现红色边框线，如图10-9所示。

图10-9　自动关键点

02 移动底部的时间帧位置，对场景中的棋子进行位置更改，通过自动关键帧记录每一个物体位置的更改，如图10-10所示。

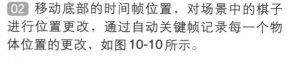

图10-10　记录完成

03 再次单击 自动关键点 按钮，退出关键帧记录，单击动画控制区的 ▶ 按钮，查看动画效果。如果换一个棋子进行动画设置，起始时间可以用关键帧控制区的 ➕ 按钮，任意设置开始时间位置和静止时间位置。

10.3 时间配置

时间配置用于设置当前动画的帧速度、时间轴上显示的单位、播放速度和动画长度等内容，是进行正式动画制作前需要设置的参数选项。

10.3.1 帧速率设置和时间设置 ▼

1. 帧速率设置

帧速率用于控制每秒所播放的帧数。单击动画控制区中的 🕐 按钮，弹出"时间配置"对话框，如图10-11所示。

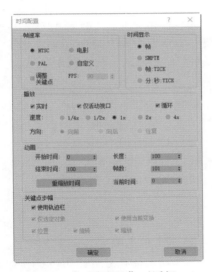

图10-11 "时间配置"对话框

帧速率：该面板中有常用的三种设置，分别为PAL制式、NTSC制式、电影和自定义的帧速率标准。

● PAL制式是电视广播中色彩编码的一种方法。全名为Phase Alternating Line逐行倒相。是国内电视台用的一种制式，它的帧速率标准是每秒25帧。除了北美、东亚部分地区使用NTSC制式，中东、法国及东欧采用SECAM制式外，世界上大部分地区都是采用PAL制式。

● NTSC制式，简称为N制，是1952年12月由美国国家电视系统委员会（Nationa& Television System Committee，NTSC）制定的彩色电视广播标准，是国外常用的一种制式标准，它的帧速率标准是每秒30帧。

● 电影的帧速率标准是每秒24帧，在一些专业术语上会说每秒24格。

● 自定义设置：可以自由地设置帧速率，但我们很少自己设置，因为我们自己设置的不符合播放标准。

2. 时间显示

时间显示：用于设置显示在时间轴上的数字和单位。

● 帧：完全使用帧显示时间，这是默认的显示模式。单个帧代表的时间长度取决于所选择的当前帧速率，如在NTSC视频中，每帧代表1/30秒。

● SMPTE：使用电影电视工程师协会格式显示时间，这是一种标准的时间显示格式，适用于大多数专业的动画制作。SMPTE格式从左到右依次显示分钟、秒和帧，其间用冒号分隔开，如2:16:14表示2分钟、16秒和14帧。

● 帧：TICK

在当前方式下，使用帧和3ds Max 内部时间增量（称为"ticks"）显示时间。每秒包含4 800tick，所以，实际上可以访问最小为1/4 800秒的时间间隔。

分：秒：TICK

在当前方式下，以分钟（MM）、秒钟（SS）和tick显示时间，其间用冒号分隔，如02:16:2240表示2分钟、16秒和2,240tick。

10.3.2 播放设置和动画长度 ▼

1. 播放设置

播放设置用于控制动画播放时的速度以及是否循环等属性，如图10-12所示。

图10-12 播放设置

● 实时：在 3ds Max 这个版本中，开启时间配置对话框时，默认当前选项不选择，因此，在进行时间设置选项时，需要将当前选项手动开启。开启实时选项时，可使当前视口播放跳过帧，以与当前"帧速率"设置保持一致，禁用"实时"选项后，视口播放时将尽可能快地运行并且显示所有帧。

● 仅活动视口：开启当前选项时，可以使播放只在活动视口中进行。禁用该选项之后，所有视口都将显示动画，默认需要开启当前选项。

● 循环：用于设置动画播放时的循环问题，当前选项用于控制动画只播放一次，还是反复播放。启用后，播放将反复进行，可以通过单击动画控制按钮或时间滑块来停止播放。禁用后，动画将只播放一次然后停止。单击"播放"按钮将倒回第一帧，然后重新播放。

● 速度：用于设置当前动画播放的速度，可以选择五种播放速度，2x 和 4x 代表快速播放多少倍，1/4x 和 1/2x 代表慢播放。速度设置只影响在视口中的播放，默认设置为1x。

● 方向：用于设置当前动画播放的方向或顺序，将动画设置为向前播放、反转播放或往复播放（向前然后反转重复进行）。该选项只影响在交互式渲染器中的播放，其并不适用于渲染到任何图像输出文件的情况，只有在禁用"实时"后才可以使用这些选项。

2. 动画长度

动画长度选项根据动画制式和播放速度，来确定当前整个动画播放时所需要的时间，也是将来进行动画查看所用到的重要依据。动画长度界面，如图10-13所示。

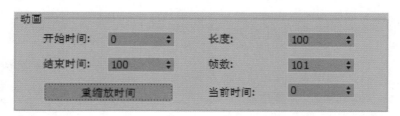

图10-13 动画长度

● 开始和结束时间：时间线长度在计算时通常都从 0 帧开始，结束时间可以根据所需要的时间长度设置不同的时间帧。该面板常用的是改结束时间这组数值。如果只查看30~60帧的播放效果，也可以改变开始时间为30，结束时间为60。这个时候用"播放"按钮播放就可以重复查看中间30帧的效果。

● 长度：用于显示活动时间段的帧数。如果将此选项设置为大于活动时间段总帧数的数值，则将相应增加"结束时间"的帧数。

● 帧数：用于显示当前动画的总帧数，即动画在进行渲染的帧数。该数值始终是以动画总帧数长度再加上数字1的方式来显示。

● 当前时间：用于显示当前时间滑块的帧数。调整此选项时，将相应移动时间滑块，视口中的显示当前帧将进行实时更新。

● 重缩放时间：单击该按钮后，打开"重缩放时间"对话框，通过重缩放时间来调整当前动画的长度，如图10-14所示。

图10-14 重缩放时间

10.3.3 关键点步幅 ▼

"关键点步幅"选项用于设置在启用关键点模式时所使用的方法，如图10-15所示。

图10-15 关键点步幅

1. 使用轨迹栏

勾选该复选框后，使关键点模式能够遵循轨迹栏中的所有关键点，其中包括除变换动画之外的任何参数动画状态。

2. 其他选项

要使以下控件可用，需要取消勾选"使用轨迹栏"复选框。

● 仅选定对象：在使用"关键点步幅"模式时只考虑选定对象的变换。如果禁用此选项，则将考虑场景中所有（未隐藏）对象的变换，默认设置为启用。

● 使用当前变换：禁用"位置"、"旋转"和"缩放"，并在"关键点模式"中使用当前变换。例如，如果在工具栏中选中"旋转"按钮，则将在每个旋转关键点处停止。如果这三个变换按钮均为启用，则"关键点模式"将考虑所有变换。

要使以下控件可用，请禁用"使用当前变换"。

● 位置、旋转、缩放：指定"关键点模式"所使用的变换。取消勾选"使用当前变换"复选框即可使用"位置"、"旋转"和"缩放"复选框。

时间配置选项是做动画之前必须要设置的一个重要参数，根据动画将来输出的媒介不能而设置不能的参数，如动画视频在电视上播放时，一般都会勾选PAL制式。此时，帧速率调整为25，如果要做1秒的动画就要设置25帧为一个单位，工作中为了快速方便我们会选择自定义，把帧速率设置成24帧。还必须勾选"实时"复选框，这样看到的动画就是正确的速度。参数设置完成后，就可以进行正式的动画制作。

10.4 曲线编辑器

曲线编辑器用于关键帧动画编辑完成后，通过曲线编辑器来更好地编辑动画效果。曲线编辑器是一种轨迹视图模式，可用于处理在图形上表示为函数曲线的运动，通过曲线编辑器可以查看运动的插值。

在 3ds Max 中关键帧之间创建的对象变换，使用曲线上的关键点及其切线控制柄，可以轻松查看和控制场景中各个对象的运动和动画效果。替代模式为摄影表，用于直接使用关键点而不是曲线，通过曲线编辑器可以实现更为复杂的动画效果。

10.4.1 初探曲线编辑器 ▼

曲线编辑器是用来修整动画的运动轨迹的工具。想使用曲线编辑器，就要先了解物体的运动轨迹与时间轴之间的对应关系。

1. 开启方式

在 3ds Max 软件中，可以通过菜单或对象属性的方式打开曲线编辑器。单击"图形编辑器"菜单，在下拉列表中选择"轨迹视图"/"曲线编辑器"命令，弹出"曲线编辑器"对话框，如图 10-16 所示。

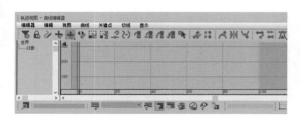

图10-16 曲线编辑器

2. 界面认识

顶部为菜单栏，包括编辑器、编辑、视图、曲线、关键字和显示等内容。编辑动画时，同时配合场景动画和曲线编辑来调整动画

效果。

通过"过滤器"选项可以设置哪些需要显示或不显示。单击"视图"/"过滤器命令"，如图 10-17 所示。

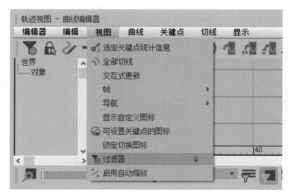

图10-17 过滤器

单击过滤器后，显示全部的过滤设置对话框，如图 10-18 所示。

图10-18 "过滤器"对话框

10.4.2 曲线编辑器的运用 ▼

1. 导航窗口

导航窗口，如图10-19所示。

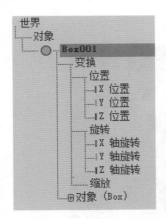

图10-19 导航

在"导航"窗口中，显示对象名称和控制器轨迹，还显示哪些曲线和轨迹可以用来进行显示和编辑。

2. 常用的工具栏

常用的工具栏，如图10-20所示。

图10-20 常用工具栏

● 移动关键点工具：可以改变关键点水平和垂直位置，也可以框选多个关键点修改。

例如，当不需要显示当前场景中物体的材质时，可以把有关于材质的设置取消选择即可。

● 绘制工具：手绘曲线方式，选择后可以直接在曲线编辑区绘制曲线。关键点打点的速度由手绘的速度决定，手绘曲线不够光滑，可以使用"曲线"/"简化曲线"命令方式，简化曲线工具减少关键点，弹出的阈值设置越大，精减的关键值就越多，曲线越光滑，但容易失真。对于采集的动作数据往往使用这种方法进行关键点精减。

● 添加关键点工具：可以在任何时间段插入关键点。

其他的曲线控制工具将在后面的具体案例中进行讲解，在此不赘述。

3. 曲线调整的其他方法

在顶点上右击，同样可以进行设置。单击"高级"按钮，将左右两端的锁定键解除，分别调整顶点左右两端的控制柄，或者配合【Shift】键来解除锁定，如图10-21所示。

图10-21 曲线调整

● 超出范围类型：可以调整越界曲线的类型。可以将物体设置为循环或周期动画。执行"编辑"/"控制器"/"超出范围类型"命令，如图10-22所示。

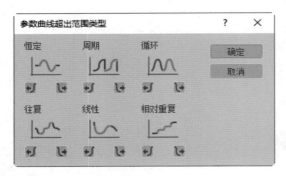

图10-22 超出范围类型

● 减缓和增强曲线：通过曲线菜单中选择减缓或增强曲线的方式。

选择"曲线/应用增强曲线"，可以调整曲线在数值方面的增强和减缓，如图10-23所示。

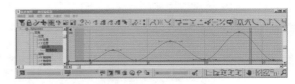

图10-23 增强曲线

选择"曲线/应用减缓曲线"，可以调整曲线在时间方面的增强和减缓，如图10-24所示。

图10-24 缓解曲线

10.5 实战案例：球体运动

用一个足球运动来练习关键帧和曲线编辑器的使用，如图10-25所示。

图10-25 动画

10.5.1 自由落体 ▼

1. 创建模型

在场景中创建一个足球模型和平面的地板造型，如图10-26所示。

2. 关键帧设置

01 在进行动画制作时，需要合理安排关键帧的位置。本案例中，在0帧的位置，足球在地板的上方，15帧足球落到地面，30帧足球弹起，后续慢慢地弹起和速度越来越弱。单击页面下方的"自动关键点"按钮，此时，当前视图边缘出现红色边框，如图10-27所示。

图10-26 创建模型

图10-27 开启关键帧

02 将时间滑条放到**15**帧的位置，调整足球下落到地面，如图**10-28**所示。可以让足球和地面相交，再次调整时，可以精细地调整足球和地面的关系。

图10-28 15帧处球体

03 此时，在界面下方的时间轴线上，已经有了两个关键帧的标识，如图10-29所示。

图10-29 两个关键帧

04 将时间滑条放到**30**帧的位置，让足球离开地面，比开始落下的位置低一些，因为落地后受到摩擦力和弹起后重力变成了阻力，这都让足球弹起的距离要比上次的位置要低一些，如图**10-30**所示。

图10-30 弹起

> **注意**
>
> 在移动足球时 在前视图或者左视图中，参照0帧足球的位置，只要让30帧足球的位置低于0帧足球的位置即可。

此时，在时间轴线上就已经有了三个关键帧了，一个简单的落地弹起动画就结束基本创建。

3. 曲线编辑器调整

01 打开曲线编辑器，选择"变换"下面的X、Y、Z轴向的位置，可以看到面板中有三种颜色线，如图10-31所示。

图10-31 变换

02 在曲线编辑器中，红色X轴和绿色Y轴是直的，蓝色Z轴是曲线，通过观察可以看到Z

轴方向上就是足球高度上的变换，变换的曲线就是足球落地和弹起的效果，选择 Z 轴蓝色的曲线，选择中间的关键点，这就是足球落地的关键点，单击 按钮将曲线设置为快速，如图10-32 所示。

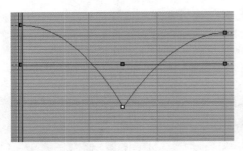

图10-32　Z轴调节

在视图中播放查看效果，看到足球的弹起动画自然了很多，但是只是弹了一下就结束了，现实中不是这样的，足球应该多弹起几下，然后才在地面上停止下来。要制作的效果是足球弹起 4 次后下落到地面，然后停止。

03 首先，将时间设置长一些，单击动画控制区的 按钮，在弹出的"时间配置"对话框中，将动画结束时间改为 300，如图10-33 所示。更改完成后，将对话框关闭。

图10-33　结束时间

04 在曲线编辑器界面中，单击 按钮添加关键点工具，将时间轴每隔 15 帧加一个关键点，并调整曲线的效果，如图10-34 所示。

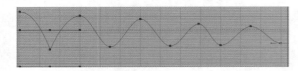

图10-34　曲线变形

05 单击动画控制区的 按钮，预览当前动画效果，可以看到新添加的关键点，在和地面接触以后，弹起的过程中不真实，选择与地面接触的关键点，也就是曲线编辑器视图下端的点，利用 切换到"选择"按钮，单击并框选下面

的关键点，如图10-35 所示。

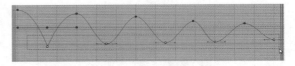

图10-35　框选点

06 单击 按钮，将曲线点转换为快速，此时底端点平滑点转换为角点，如图10-36 所示。

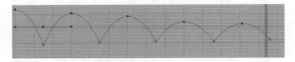

图10-36　更改点类型

07 再次选择所有下端的关键点，调整它们的位置，将它们和地面接触的位置调整自然一些，将数值 设置为 5 即可，大家可以根据不同的情况，具体调整。

在进行细化调节时，可以通过前视图和透视图查看球体与地面的接触效果。

08 单击曲线编辑器界面中的 按钮，框选刚刚创建的关键点，调整它们的效果，因为足球在多次下落和弹起时高度会越来越低，并且每一次弹起的时间也都会变短，如图10-37 所示。

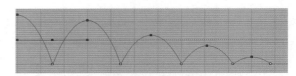

图10-37　曲线效果

4. 真实性调整

01 选择足球，把时间滑条放到时间线的最后一个关键帧上，按【E】键，切换到旋转工具，沿着 Y 轴任意旋转一下，如图10-38 所示。

图10-38　旋转足球

02 打开曲线编辑去，选择Y轴旋转图标，如图10-39所示。

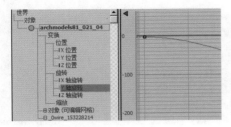

图10-39　Y轴旋转

03 将最后关键点的数值改为-180。选择0帧的关键点，单击■按钮，将切线设置为快速，一开始旋转的速度是快的，选择最后面的关键点，单击■按钮，将切线设置为慢速，由于受到摩擦力和阻力的作用，速度会逐渐变慢，如图10-40所示。

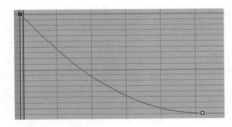

图10-40　调整

此时，通过动画控制区的▶按钮，查看球体运动的动画效果，可以看到动画真实了很多，但是有一个问题，足球是不可能突然就停下的，在停下时，足球应该有颤抖之后才停下。

打开曲线编辑器，再次编辑Z轴曲线，在末尾处，为当前动画添加3个颤抖效果的关键点，单击曲线编辑器界面中的╋按钮，添加关

10.5.2　运动中变形　▼

01 一个球在下落的过程，球是有变形动画的，如图10-44所示。虽然夸大了运动的变形规律，当然对于缓慢运动的球体不可以有这么大变形动画，但是这种变形是现实存在的。

02 选择足球模型，在"命令"面板的"修改"选项中，添加"拉伸"命令，调节参数，在"命令"面板的"修改"选项中，将stretch前面的"+"展开，选择gizmo，将拉伸数值改为0.1，如图10-45所示。

键帧点，制作三个弧度较小的曲线，如图10-41所示。

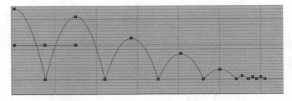

图10-41　曲线

5．距离调整

01 打开曲线编辑器，找到红色X轴向的曲线，选择最后的关键点，以Z轴作为参考，拖动点的位置，如图10-42所示。

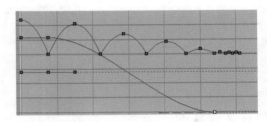

图10-42　调整X轴位置

02 选择X轴曲线，把曲线中间的关键点删除，分别选择X轴曲线上的两个关键点，单击■按钮，将切线设置为线性，如图10-43所示。

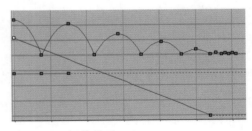

图10-43　切线类型

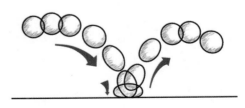

图10-44　变形规律

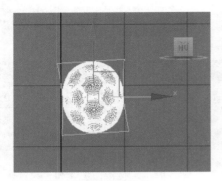

图10-45　前视图中的拉伸

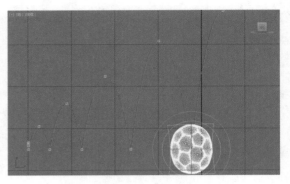

图10-47　下落方向

03 选择物体对象右击，切换到"对象属性"选项，勾选 ☑ 轨迹 复选框，在前视图查看效果，如图10-46所示。

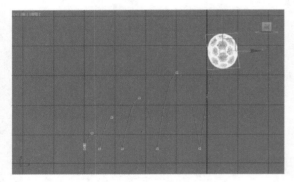

图10-46　轨迹

04 单击 自动关键点 按钮，在0帧处，让拉伸方向沿着路径方向，用旋转工具旋转匹配，旋转的方向始终与球滚动的方向一致，30帧处，第一个落地关键帧的位置，用旋转工具旋转匹配，旋转的方向始终与球滚动的方向一致，纠正它的拉伸方向，如图10-47所示。

05 采用同样的方法，依次调整其他关键帧的效果，调整完成后，在"命令"面板的"修改"选项中，单击"Stretch"，退出子编辑，把拉伸的数值重新改为0。

06 在前视图中，拉伸数值调整为0.1，在15帧的位置，将拉伸数值调整为-0.1，打开曲线编辑器，选择"拉伸"选项，如图10-48所示。足球挤压变形的效果控制在0.1～-0.1。

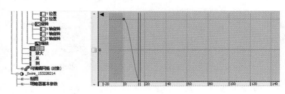

图10-48　拉伸

07 单击曲线编辑器界面中的 ➕ 按钮，根据足球落地和弹起的规律，对拉伸添加关键点和调整关键点，让运动规律更真实一些。

至此，一个完美的球体运动的动画效果制作完成了，将当前文件保存，单击动画控制区的 ▶ 按钮，查看球体的自由落体效果。

第11章

动画分类

本章要点：

① 路径动画

② 骨骼动画

　　通过前面动画的基础入门，很多读者对于曲线编辑器已经有了初步的认识和了解。除了简单的球体运动动画之外，通过3ds Max 2021软件还可以制作其他的动画，如路径动画、骨骼动画等动画类型，本章将继续带领你走入神奇的动画世界。

11.1 | 路径动画

路径动画，顾名思义就是将运动的物体沿指定的路径进行位置的修改，实现动画的效果。在 3ds Max 2021 软件中，通常使用二维图形作为运动的路径对象。

11.1.1 路径动画制作方法 ▼

本案例所制作的是小汽车沿着公路行走的动画，主要是通过捕捉路径来实现动画，对于公路和小汽车的模型做法在此不赘述。

1. 创建路径

在"命令"面板的"新建"选项中，单击"图形"选项中的"线"工具，在顶视图中沿公路绘制线条，尽量置于公路的中心位置，如图 11-1 所示。

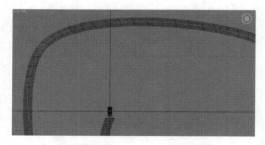

图11-1 绘制路径

2. 约束动画

01 选择小汽车模型，执行"动画"/"约束"/"路径约束"命令，如图 11-2 所示。

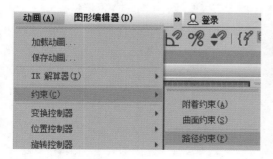

图11-2 路径约束

02 单击并拖动到路径位置时，出现提示，单击完成路径约束操作，如图 11-3 所示。

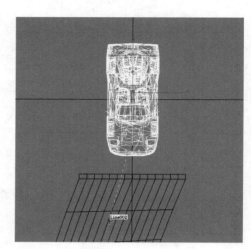

图11-3 拾取路径

03 切换到透视图中，查看小汽车与公路的位置关系，如图 11-4 所示。

图11-4 汽车与公路关系

3. 调整位置

01 选择小汽车对象，在"命令"面板中，切换到"层次"选项，单击"仅影响轴"按钮，调节控制轴心的位置，调整小汽车的上下位置，如图 11-5 所示。

图11-5　Z轴移动

图11-7　调整正确

02 保持小汽车为选择状态，在"命令"面板的"运动"选项中，设置"跟随"选项，如图11-6所示。

4. 动画预览

调整位置以后，单击动画控制区的 ▶ 按钮，可以看出小汽车的动画轨迹变为正确，如图11-8所示。

图11-6　路径跟随

03 若此时小汽车显示仍然不正确时，更改锁定的轴向和翻转属性，最终得到正确效果，如图11-7所示。

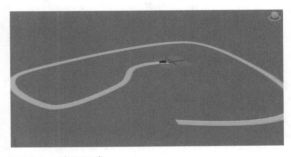

图11-8　动画正常

11.1.2　实战应用：摄像机路径动画　▼

通过简单场景介绍一个常见的摄像机路径动画，摄像机路径动画是常见的穿梭动画中一个重要的分类。

1. 创建场景

利用文字创建场景，如图11-9所示。

按钮，在顶视图中绘制摄像机要走的路径，如图11-10所示。

图11-9　文字字符

2. 创建路径

在"命令"面板的"新建"选项中，单击"线"

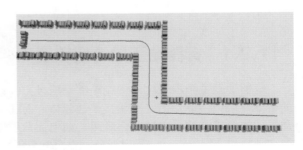

图11-10　路径

3. 穿行助手

01 执行"动画"/"穿行助手"命令，弹出对话框，如图11-11所示。

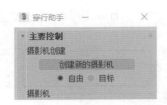

图11-11 穿行助手

图11-13 摄像机视口

02 单击"创建新的摄像机"按钮，此时，场景中会出现一个摄像机对象，如图11-12所示。

04 若当前观察效果不够理想时，可以调整摄像机的高度参数。更改摄像机视点水平高度，如图11-14所示。

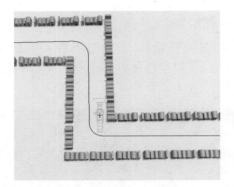

图11-12 创建摄像机

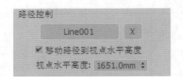

图11-14 视点水平高度

03 单击"拾取路径"按钮，在场景中选择路径对象，单击动画控制区的 ▶ 按钮，查看大体上的运动效果。单击"设置视口为摄像机"按钮，场景自动切换为摄像机，如图11-13所示。

4. 动画制作

选择摄像机，将时间轴滑块调整到 0 处，单击关键帧控制区的 自动关键点 按钮，根据不同的情况调节部分参数即可。再单击"自动关键帧"按钮，将其关闭，进行动画预览即可。

11.2 骨骼动画

骨骼动画是进行人物或角色动画的一个前提基础，通过骨骼的绑定，可以使角色具有更自然协调的运动方式。在 3ds Max 2021 软件中，骨骼的创建分为 Bone 骨骼、Biped 骨骼和 CATRig 等方式，每种方式都有自己的特点和使用方法。

11.2.1 骨骼动画的介绍和运用 ▼

骨骼动画是根据现实人体或动物骨骼模拟的运动动画。现实中骨骼是不能直接运动的，骨骼的运动是肌肉所驱动的，骨骼又带动躯体。而在数字软件中动画可以直接控制骨骼来带动躯体成动画。本章将介绍骨骼动画的运用，如何让角色或物体动起来。骨骼动画是现在三维软件中常用的动画模式，它可以让动画更形象、更自然、更符合现实。

1. 创建Bone骨骼

打开已经创建完成的花朵模型，在"命令"面板中，切换到"系统"选项，单击"骨骼"

按钮，如图11-15所示。在前视图中沿着花朵创建骨骼，如图11-16所示。

图11-15 单击"骨骼"按钮

图11-16 创建骨骼

通过骨骼对象参数,调整骨骼的尺寸,生成最后的骨骼效果,如图11-17所示。

图11-17 调整尺寸

2. 蒙皮

选择花朵物体,执行"修改器/动画/蒙皮"命令,如图11-18所示。

在"命令"面板的"修改"选项中,选择"蒙皮"命令,单击骨骼后面的"添加"按钮,按住【Shift】键,将骨骼添加进来,如图11-19所示。

图11-18 蒙皮

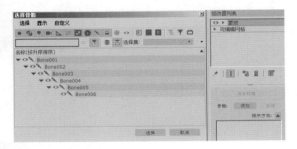

图11-19 骨骼添加

3. 骨骼关键帧动画

01 为了选择骨骼方便,可以临时将花朵造型执行"冻结"操作,按住【Ctrl】键的同时,从上往下依次选择骨骼对象,按【E】键切换到旋转工具,通过主工具栏中的 按钮,更改选择的骨骼坐标中心为"使用轴点中心"模式,如图11-20所示。

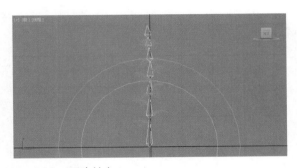

图11-20 更改轴心

02 单击关键帧控制区的 自动关键点 按钮，将时间轴滑块调整到 0 位置，在前视图中，通过旋转工具，调整其位置，如图 11-21 所示。

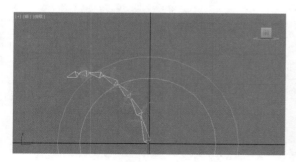

图11-21　旋转

03 再将时间轴调整到 40 帧位置处，向另外的方向再次旋转骨骼，如图 11-22 所示。

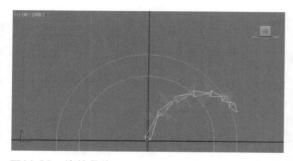

图11-22　旋转骨骼

04 再次将时间轴调整到 80 帧位置处，选择 0 帧位置的关键帧，按住【Shift】键，将其拖动到 80 帧的位置即可实现关键帧的复制操作。单击动画控制区的 ▶ 按钮，查看动画效果。

到此，一个简单的循环效果就制作完成，要想在不同的时间线上一直循环，需要通过曲线编辑器来实现。

4．曲线编辑器

分别选择每一个骨骼，打开曲线编辑器，在弹出的界面中选择 X 轴、Y 轴和 Z 轴旋转，单击"编辑/控制器/超出范围类型"命令，如图 11-23 所示。

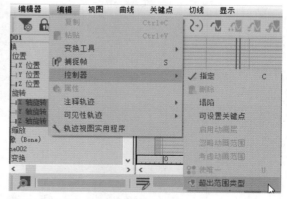

图11-23　超出范围类型

在弹出的超出范围类型中，选中"循环"选项，如图 11-24 所示，单击"确定"按钮完成编辑。

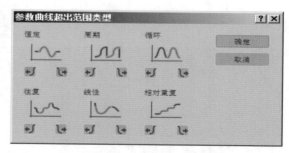

图11-24　设置循环

单击"动画控制区"的 ▶ 按钮，查看动画效果，比前面的效果更加真实。

11.2.2　IK与FK转换 ▼

IK（反向运动）是通过使用计算父物体的位移和运动方向，从而将所得信息继承给其子物体的一种物理运动方式。也就是通过定位骨骼链中较低的骨骼，使较高的骨骼旋转，从而设置关节的姿势，根据末端子关节的位置移动来计算得出每个父关节的旋转，通常用于将骨骼链的末端"固定"在某个相对该骨骼链移动的对象上。

FK（正向运动）是一种通过"目标驱动"来实现的运动方式，FK 是带有层级关系的运动，根据父关节的旋转计算得出每个子关节的位置。IK 和 FK 是组成人体运动的两种方式，做绑定时这两种运动方式需要配合使用，都需要做，具体内容请查阅人体动力学的相关知识，从而了解我们身体中的运动哪些行为属于 IK，哪些属于 FK。

1. 创建FK骨骼

在"命令"面板的"新建"选项中，单击"系统"选项中的骨骼按钮，所创建的骨骼默认时均为FK骨骼，即为正向动力学，如图11-25所示。

图11-25 FK骨骼

● FK骨骼：移动父级骨骼关节，可以带动子级骨骼关节；移动子级骨骼关节，父级骨骼关节不会改变。在创建骨骼完成后，右击，结束本次创建命令。

2. 创建IK骨骼

所谓的创建IK骨骼，其实是在子骨骼关节上添加一个IK控制手柄，用IK控制手柄来达到子级骨骼关节控制父级骨骼关节的效果。

IK骨骼创建通常有以下两种方法。

方法一：在创建骨骼对象时，勾选"指定给子对象"和"指定给根"复选框，如图11-26所示。

图11-26 IK骨骼

在场景中创建完成以后，在子级骨骼末端处有一个十字的控制手柄，并且在父级端和子级端中间出现了一条线，这条线只有在选中IK控制手柄时才会出现，如图11-27所示。

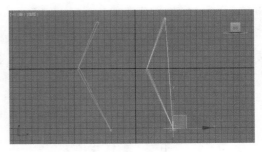

图11-27 IK骨骼特点

方法二：首先，在场景中创建正常的FK骨骼后，选择骨骼对象，执行"动画"/"IK解算器"/"IK肢体解算器"命令，场景中出现一条虚线，如图11-28所示。

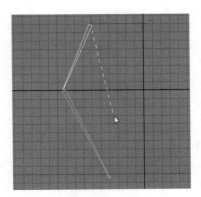

图11-28 转换

单击骨骼的另外一个点，拾取完成后，转换为IK骨骼，如图11-29所示。

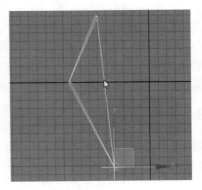

图11-29 转换完成

3．IK骨骼与FK骨骼转换

● IK转换为FK：选择场景中IK骨骼的控制手柄，在"命令"面板中，单击"运动"选项，将"IK解算器"下面的"启用"按钮关闭即可，如图11-30所示。

若要将IK转换为FK时，除了将"启用"按钮关闭以后，还需要取消勾选"IK设置FK姿势"复选框。

图11-30 单击"启用"按钮

● FK转换为IK：再次单击"启用"按钮，当前FK转换为IK。

11.2.3 样条线IK使用 ▼

样条线IK的使用，其实是将样条线的形状作为骨骼的参照路径来使用，方便创建形状容易控制的骨骼对象。

01 在"命令"面板的"新建"选项中，单击"系统"按钮，单击"骨骼"对象，从"IK解算器"中选择参数，如图11-31所示。

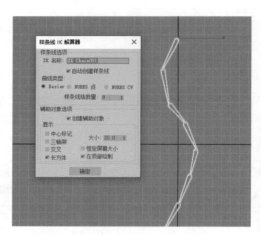

图11-32 解算器

图11-31 样条线

02 在前视图中创建骨骼对象，右击结束创建骨骼时，弹出"样条线IK解算器"设置面板，如图11-32所示。

03 单击"确定"按钮后，可以看到当前的骨骼对象由9个小方块构成，骨骼对象由一个样条线连接而成，如图11-33所示。

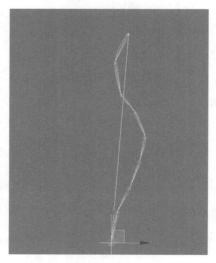

图11-33 样条线骨骼

11.3 CAT角色动画插件

　　CAT（Character Animation Toolkit）插件，为人体、动物、昆虫、机器人等提供了一个预设装备库。在使用CAT插件时，既可以从头创建CATRig，也可以直接加载符合要求的装备。通过CAT插件还可以随时将自定义CATRig另存为新预设，以供以后重用。此方法可在整个CAT中使用；加载最符合要求的预设，对此进行编辑以符合你的目标，然后将结果另存为新预设。

　　通过使用CAT可以快速创建所需的装备。CATRig包括内置IK和操纵简单的脊椎和尾部。通过高级手指或足趾控件，可以方便地定位手指和脚趾。默认情况下，将使用IK来创建腿，而使用FK来创建手臂。可以对所有肢体骨骼进行分段，以便扭曲骨骼。分段扭曲权重通过样条线进行控制。

　　即使在设置模式（相对于动画模式）下，也可以设置装备，以便可以直观地操纵。可使用FK来排列手臂，而使用IK来排列腿，可以直观地移动和旋转骨盆、胸腔和头部。

　　在使用CAT插件设置期间，可调整CATRig大小，而不必中断IK设置，这在合并文件时非常有用。创建动画层之后，无法再调整大小，从而避免现有动画出现问题。

11.3.1 加载CAT预设 ▼

　　对于CAT插件，需要通过加载的方式添加到当前场景中，方便使用骨骼布局、蒙皮等操作。

1. 加载

01 在"命令"面板的"新建"选项中，单击"辅助对象"选项，在下拉列表中选择"CAT对象"选项，如图11-34所示。

图11-34 CAT对象

02 单击"CAT父对象"按钮，在"CATRig加载保存"选项中选择要加载的装备，如图11-35所示。

03 在场景中单击并拖动，将新的预设装备添加到场景中，如图11-36所示。

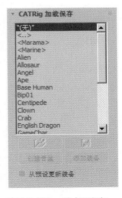

图11-35 选择装备

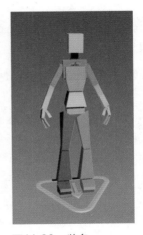

图11-36 装备

2. 创建骨骼

01 在"命令"面板的"新建"选项中，单击"辅助对象"按钮，在下拉列表中选择"CAT对象"，单击"CAT父对象"按钮，在"CAT Rig加载保存"选项中选择"无"按钮，在透视图中单击并拖动，创建CAT对象，如图11-37所示。

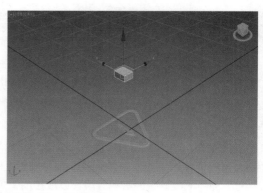

图11-38　骨盆对象

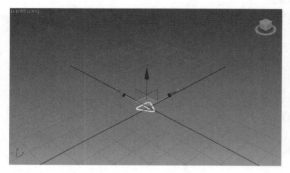

图11-37　CAD对象

02 选择底部的CAT对象，在"命令"面板的"修改"选项中，单击CAT对象选项中的"创建骨盆"按钮，在视图中单击，创建中间的骨盆物体，如图11-38所示。

03 选择骨盆对象后，在"命令"面板的"修改"选项中，依次添加腿、手臂、脊椎、尾部、附加骨骼和其它装备对象（小道具、备件）等，如图11-39所示。

图11-39　整个CAT

11.3.2　CAT绑定　▼

通过卡通模型CAT绑定操作，来介绍CAT的具体用法。

1. 创建骨盆

01 打开模型文件，如图11-40所示。

02 为了方便查看骨骼与模型搭配关系，将模型的不透明度调为5。

03 在"命令"面板的"新建"选项中，单击"辅助对象"按钮，在下拉列表中选择"CAT对象"选项，单击"CAT父对象"按钮，将底部的方式选择"无"，在透视图中单击创建底部参数图形，如图11-41所示。

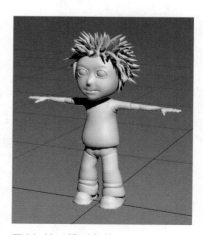

图11-40　模型文件

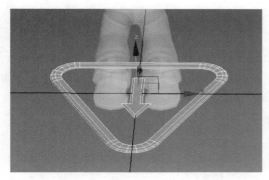

图11-41 父对象

04 选择父对象，在"命令"面板的"修改"选项中，单击"创建骨盆"按钮，场景中生成"长方体"的骨盆对象，如图11-42所示。

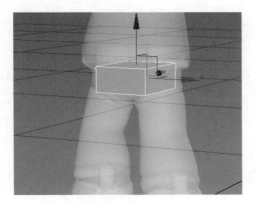

图11-42 骨盆对象

2. 创建腿

01 选择创建的"骨盆"对象，在"命令"面板的"修改"选项中，单击"添加腿"按钮，如图11-43所示。

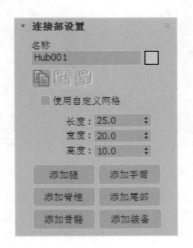

图11-43 添加腿

02 在视图中单击并拖动，完成腿部对象创建，可以通过"移动""旋转"等操作调整腿骨骼的位置。也可以勾选"使用自定义网格"复选框，为当前的骨骼添加自定义网格对象，如图11-44所示。

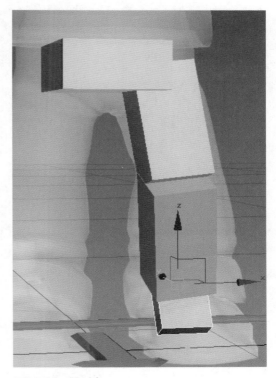

图11-44 腿对象

03 选择腿的末端脚踝对象，添加一节骨骼对象作为脚，将手指数修改为1，如图11-45所示。

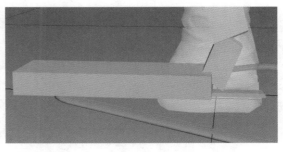

图11-45 脚

04 选择骨骼，在"命令"面板的"修改"选项中，将骨骼数修改为2，如图11-46所示。

05 为刚刚创建的模型命名，选择第一段骨骼命令为脚，第二段骨骼为脚掌，修改脚的位置，完成创建，如图11-47所示。

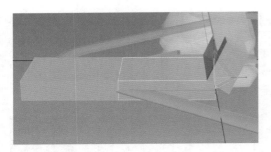

图11-46　骨骼数为2

图11-47　腿、脚完成

06　选择骨盆对象，在"命令"面板的"修改"选项中，单击"添加腿"按钮，系统自动匹配另外一条腿的造型，完成两条腿的创建，如图11-48所示。

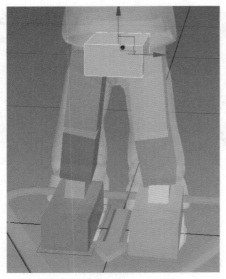

图11-48　两条腿完成

3．创建躯干

在场景中，选择骨盆对象，在"命令"面板的"修改"选项中，单击"添加脊椎"按钮，将骨骼的默认数由5修改为4即可，调整局部脊椎的位置，如图11-49所示。

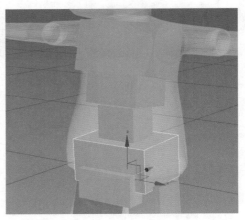

图11-49　脊椎

选择颈椎对象，对每一段骨骼进行命名，从下往上依次为胯部、腰部、腹腔和胸部。

4．创建手臂和手

01　选择胸部骨骼，在"命令"面板的"修改"选项中，单击"添加手臂"按钮，如图11-50所示。

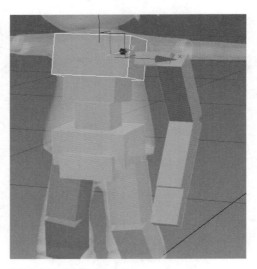

图11-50　手臂

02　选择手臂末端的关节，将手指数修改为4，当前模型只有4个手指对象，修改手臂与手指的位置和参数，如图11-51所示。

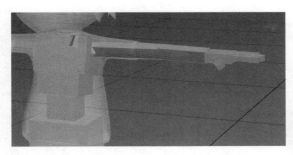

图11-51　手臂和手

03 再次选择胸部骨骼，单击"添加手臂"按钮，系统自动匹配生成另外一只手臂和手的造型，如图11-52所示。

图11-52　手臂创建完成

5. 创建脖子和头部

选择胸部骨骼，单击"修改"选项中的"添加脊椎"按钮，添加两段"脊椎"造型，调整骨骼位置和大小，如图11-53所示。

图11-53　调整大小和位置

11.3.3　CAT蒙皮与权重 ▼

蒙皮是让骨骼和物体绑定在一起的操作，权重就是让模型和物体更好地绑定在一起，达到不穿帮的操作。

1. 蒙皮

01 选择所有的骨骼对象，在主工具栏中将其添加到"选择集"，调整骨骼与模型的位置，如图11-54所示。

图11-54　调整位置

02 选择卡通模型，在"命令"面板的"修改"选项中，添加"蒙皮"命令，单击骨骼添加，弹出"选择骨骼"对话框，选择刚命名的选择集，如图11-55所示。

图11-55　选择骨骼

03 单击"选择"按钮，完成骨骼添加。在移动骨骼时，发现模型对象已经完全匹配骨骼。对于部分"穿帮"的位置，需要通过权重来修改。

2．权重

给模型设置权重是一件很重要的事情，当然也是一件很烦琐的事情，权重的分配好坏直接影响动画的质量。

01 选择模型中的衣服物体，在"命令"面板中，单击"编辑封套"按钮，此时骨骼的末端显示顶点的直线，如图11-56所示。

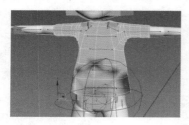

图11-56　封套

02 选择需要调整胶囊形状内部和外部封套，调整封套来改变影响的范围，其中红色范围为影响的区域，如图11-57所示。

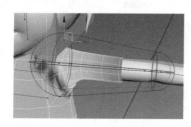

图11-57　改变后的影响区域

03 退出子编辑后，查看整体效果，如图11-58所示。

图11-58　整体效果

04 激活参数中的"镜像"模式，如图11-59所示。

图11-59　镜像模式

05 单击"镜像模式"选项中的 ▮ 按钮，将左、右手臂进行镜像操作。

3．权重调节

在激活封套模式下，单击底部的"顶点"选项，单击 ✐ 按钮，弹出"权重"工具对话框，如图11-60所示。

图11-60　权重工具

单击"权重工具"选项中的 ▭ 绘制权重 ▭ 按钮，单击后面的 ▭ 按钮，弹出"绘制权重"对话框，如图11-61所示。

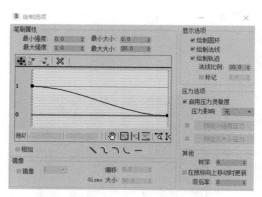

图11-61　绘制权重

利用鼠标在当前模型中，需要调整权重的位置单击并拖动，完成权重调节。

第12章 动力学

本章要点：

1 MassFX刚体

2 布料mCloth

　　在进行动画制作时，为模拟现实中的物理现象，如重力、碰撞、风、水波、磁场、爆炸等，需要通过动力学系统来实现。正是因为有了动力学系统的加入，才可以制作出真实的效果，是做三维动画设计不可缺少的实用资源。

12.1 | MassFX刚体

刚体类对象属于MassFX工具组中常用的运动对象，通过给物体赋予刚体属性或性质，产生基本的运动碰撞效果，还原现实世界物体受力产生运动变化的行为。

12.1.1 MassFX工具栏 ▼

MassFX工具栏提供了用于模拟真实物理世界中常见动力的各种工具，也是现在3ds Max软件中最好用的动力学工具系统。

1. 启动工具栏

鼠标置于主工具栏左侧"竖线"处，右击，在弹出的屏幕菜单中选择"MassFx工具栏"命令，如图12-1所示。

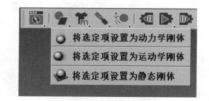

图12-2 MassFX工具栏

3. MassFX刚体认识

在MassFX工具栏中，刚体对象组分为动力学刚体、运动学刚体和静态刚体三种类型，如图12-3所示。

图12-1 开启MassFx工具栏

2. MassFX工具栏简介

MassFX工具栏显示后，与其它工具栏类似，可以在视图中调节不同的放置位置，其基本内容包括工具编辑、刚体设置、布料设置、刚体约束、布玩偶、重置播放、模拟播放、模拟前进一帧8个内容，如图12-2所示。单击对应的工具按钮后，可以展开，进行相关工具设置，后面将通过具体的应用案例进行介绍，在此不赘述。

● 动力学刚体：物体被指定为动力学刚体后，物体就能有受重力及模拟中因其它对象撞击而导致的运动变形行为。

● 运动学刚体：物体被指定为运动学刚体后，可以对物体做动画设置，让物体动起来。运动学刚体可以碰撞影响动力学刚体，但是动力学刚体的物体不可以碰撞到运动学刚体。物体可以通过改变在什么时间变成运动学刚体，从而碰撞影响场景中被指定为动力学刚体的其他物体，这时自身也会受到碰撞影响。

● 静态刚体：被指定为静态刚体的物体，一般都是不需要动的物体，它们只需在场景中被运动学物体碰撞就行，它们本身是不会动的，它们可以用作容器、墙、障碍物等物体。

12.1.2 MassFX刚体案例 ▼

刚体是进行动力学模拟的初级阶段，场景中需要设置动画或主动影响周围对象的物体，都需要事先设置刚体后，才可以进行动力学效果制作。

通过两个案例的操作和应用，掌握 MassFX 刚体操作。

1. 实战应用：小球碰撞

基本操作步骤如下：

01 场景创建。根据前面的建模知识，创建简单场景，如图12-4所示。

图12-4　场景创建

02 设置刚体。选择墙体砖块对象，通过 MassFX 设置其为动力学刚体，如图12-5所示。

图12-5　设置为动力学刚体

03 选择小球对象，通过 MassFX 设置其为运动学刚体，如图12-6所示。

图12-6　设置为运动学刚体

04 选择地面对象，通过 MassFX 设置其为静态刚体，如图12-7所示。

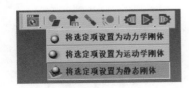

图12-7　设置为静态刚体

05 设置关键帧。选择小球对象做关键帧动画，时间为0帧到25帧，让小球穿过墙体，如图12-8所示。

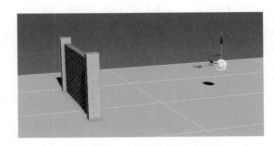

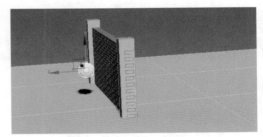

图12-8　设置关键帧

06 预览查看。单击 MaxxFX 工作栏中的播放按钮 ▷，查看动画预览效果，如图12-9所示。

图12-9　动画预览

07 效果分析。通过播放查看动画效果，发现小球运动到一定状态后停止不动，与日常生活中的运动原理不相符，在现实生活中，小球与砖墙发生碰撞后，会有一个停留，受重力影响会有一个下落的运动效果。

08 细节调整。拖动时间线上的时间滑块，查看小球运动状态，等小球快要撞上墙体砖块时记下时间帧，如图12-10所示。

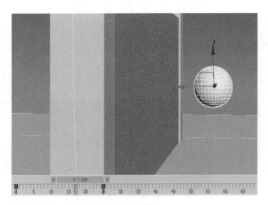

图12-10 17帧的运动状态

09 选择小球对象，在"命令"面板中，切换到"修改"选项，在"刚体属性"选项中，勾选"直到帧"复选框，在后面文本框中输入17，如图12-11所示。通过直到帧设置，表示从17帧以后，小球对象的属性从运动学刚体转换为动力学刚体。

图12-11 设置直到帧

10 单击MassFX工具栏中的播放按钮 ▶，查看效果，此时，小球碰撞后落到地面。符合现实生活中运动碰撞常识，如图12-12所示。

图12-12 小球碰撞结果

技巧说明

在使用自动关键帧记录动画操作时，关键帧动画完成后，需要手动关闭自动关键点，防止影响后面关键帧的基本操作。

2. 实战应用：保龄球运动

01 场景建模。根据前面学习的建模、材质知识创建基本场景，如图12-13所示。

图12-13 基本场景

02 设置刚体。选择10个保龄球瓶子对象，通过MassFX设置其为动力学刚体，如图12-14所示。

图12-14 设置动力学刚体

03 选择保龄球球体对象，通过MassFX设置其为运动学刚体，如图12-15所示。

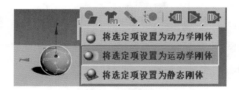

图12-15 设置运动学刚体

04 选定地面对象，通过MassFX设置其为静态刚体，如图12-16所示。

图12-16 设置为静态刚体

05 设置关键帧。选择撞击球做关键帧动画，时间为0~25帧，让撞击球穿过保龄球瓶子对象，如图12-17所示。

图12-17 设置关键帧动画位置

06 预览查看。单击MassFX工作栏中的播放按钮 ▷，查看动画的基本效果，发现没有碰撞效果，这是因为保龄球瓶子对象和撞击球两者属性都是运动学刚体，所以看不到效果。

07 细节调整。拖动时间线上的时间滑块，查看撞击球和瓶子的运动状态，等撞击球与保龄球瓶子撞在一起时，记下关键帧位置，如图12-18所示。

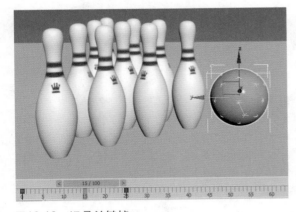

图12-18 记录关键帧

08 分别选择保龄球的10瓶子，打开"修改"面板，再次勾选"刚体属性"栏中"直到帧"复选框，在后面输入15，当前属性操作，需要设置10次，对每一个瓶子都要执行此步骤，如图12-19所示。

图12-19 设置直到帧

09 还可以通过另外的方法，设置直到帧的基本属性，选择全部的保龄球瓶子对象，打开多对象编辑器，如图12-20所示。

图12-20 选择多对象编辑器

10 在"多对象编辑器"界面中，切换到刚体属性，勾选"直到帧"复选框，输入数值15，如图12-21所示。

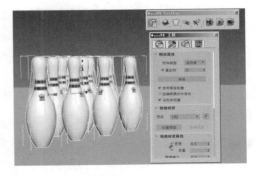

图12-21 刚体属性

11 单击MassFX工具栏中的播放按钮 ▷，查看效果，发现碰撞效果成功，如图12-22所示。

图12-22 基本碰撞

12 效果提升。为了让保龄球运动的效果更加真实，需要对撞击球15帧以后，进行属性更改，选择球体对象，在"修改"面板中，设置刚体属性，如图12-23所示。

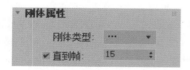

图12-23 刚体属性

13 单击MassFX工具栏中的播放按钮 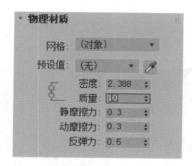，查看效果，发现碰撞效果真实程度有所提升，继续调整撞击球质量。

选择撞击球物体对象，切换到"修改"面板，在物理材质参数中，将"质量"数值更改为10，如图12-24所示。

图12-24 更改质量

14 选择撞击球对象，切换到"修改"面板，在"物理图形"选项中，将"图形类型"更改为球体，如图12-25所示。

图12-25 更改图形类型

15 在场景中，选择保龄球瓶子对象，切换到"修改"面板，在"物理图形"选项中，将"图形类型"更改为胶囊，如图12-26所示。

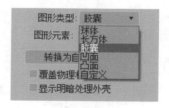

图12-26 更改图形类型

16 在参数中更改胶囊对象的参数，如图12-27所示。

图12-27 更改胶囊参数

17 在"命令"面板的"修改"选项中，在"物理图形"选项中，添加网格2和网格3，分别对新增加的网格2和网格3对象，设置其图形类型为胶囊，如图12-28所示。

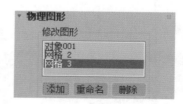

图12-28 添加网格

18 分别在参数中，调整3个胶囊体所代表瓶子的形状，在调整的过程中，除了修改半径和高度以外，若需要移动或旋转胶囊时，可以在MassFx Rigid Body选项中，激活网格变换，对胶囊进行移动和旋转操作，如图12-29所示。

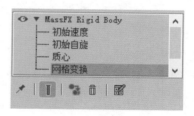

图12-29 网格变换

19 在"命令"面板的"修改"选项中，勾选  复选框，对另外的保龄球对象也同样

设置显示明暗处理外壳参数，如图12-30所示。

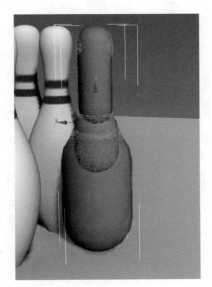

图12-30 显示明暗处理外壳

图12-31 烘焙设置

20 单击MassFX工具栏中的播放按钮 ，查看当前动力学设置的效果，如果效果可以，就可以烘焙动画，单击模拟工具，在"模拟"面板中单击烘焙所有，也可以只烘焙选择的物体，如图12-31所示。

21 烘焙完成后，时间线上出现当前动画相对的关键帧，此时，可以使用3ds Max软件自带的播放器进行动画效果查看，如图12-32所示。

图12-32 动画效果

12.2 布料mCloth

布料mCloth对象也是动力学系统中常用的基本操作，与刚体相对应，布料mCloth可以理解为"柔体"，用于模拟现实生活中的柔软物体，如衣服、布料、果冻等对象。

12.2.1 布料mCloth基本操作 ▼

布料mCloth对象通常用于实现柔软对象，在使用时，经常需要结合重力、风等辅助对象，因此，需要在了解基本操作的前提下，再与辅助外力相结合，模拟生活中的常见柔体特效。

1. 布料mCloth工具栏

在MassFX工具栏中，布料mCloth系统为左侧图标第3个，非常形象的图标设计，如图12-33所示。

图12-33 布料mCloth对象

2. 布料mCloth参数

场景中某物体被设置为 mCloth 对象后，切换到"命令"面板的"修改"选项后，显示布料 mCloth 相关的参数，如图 12-34 所示。除了通过 MassFX 工具栏可以将物体转换为 mCloth 对象外，也可以直接在"修改"面板中，添加 mCloth 命令。

mCloth 修改面板中有 9 组展卷栏参数，每一个展开后都有不同的命令和按钮，为我们的工作提供了很强大的功能。其中，纺织品物理特性展卷栏通常用于对布料的一些基本属性进行设置，如改变重力比、密度、延展性等功能，后续通过具体案例进行介绍。

图12-34　mCloth参数

12.2.2　实战：布料mCloth　▼

通过下面的具体案例应用和介绍，熟悉布料 mCloth 对象基本参数的设置。

1. 餐布制作

01 场景建模。根据前面学习的建模知识创建场景，如图 12-35 所示。

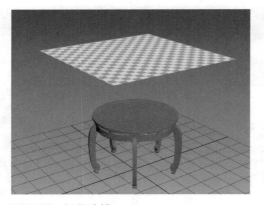

图12-35　场景建模

> 💡 注意事项
>
> 对于模拟桌面的平面对象，其参数中的"分段"，需要设置高一些，以免在落到桌子对象上时，产生褶皱的棱角，影响外观效果。

02 设置布料 mCloth 对象

选择场景中的桌布物体，通过 MassFX 工具栏，将其设置为 mCloth 对象，如图 12-36 所示。

图12-36　设置为mCloth对象

03 选择场景中的桌子对象，通过 MassFX 工具栏，设置其为静态刚体对象，如图 12-37 所示。

图12-37　设置对象为静态刚体

04 预览动画。单击MassFX工具栏中的播放按钮 ▶，查看效果，此时发现桌布直接掉到地面，如图12-38所示。

图12-38 动画预览

05 原因分析。通过对物理图形类型的切换，查看动画效果，结果仍达不到真实的碰撞效果，对于柔体需要碰撞的物体桌子来讲，模型面数较多，计算比较浪费时间，因此，可以通过代理碰撞的方式来解决问题。

06 解决问题。根据桌子模型创建桌面，选择圆柱体创建桌面代理体，桌面尽量大一些，把原始桌面给包裹上，如图12-39所示。

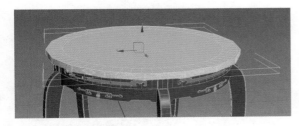

图12-39 圆柱对象

07 重新选择桌子对象，把图形类型改为自定义模式，在"物理网格参数"选项中，单击 从场景中拾取网格 按钮，在场景中选择圆柱对象，如图12-40所示。

图12-40 重新设置属性

08 再次单击MassFX工具栏中的播放按钮 ▶，

查看效果，碰撞成功，如图12-41所示。

图12-41 碰撞效果

09 细节提升。在大体效果状态下选择桌布物体，在修改菜单中单击"捕获状态"下的"捕捉初始状态"按钮，设置桌布每次播放查看时的初始状态，如图12-42所示。

图12-42 设置初始状态

10 为了让桌布的褶皱更多一些，可以调整"纺织品物理特性"属性栏中的参数，如图12-43所示。

图12-43 更改弯曲度参数

💡 技巧说明

桌布效果在进行实际表现时，可以多运算，将好看的状态设置为"捕捉初始状态"。若桌腿和桌布的穿帮太严重时，建议多添加几个物理图形分别放到桌腿的位置。

2. 风吹窗帘制作

01 场景建模。根据前面章节学习的建模知识创建基本场景，如图12-44所示。

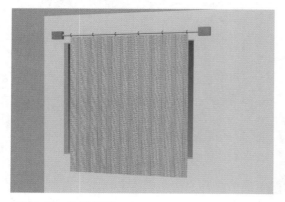

图12-44 场景模型

02 设置布料mCloth。选择场景中的窗帘对象，通过MassFX工具栏，设置为mCloth对象，如图12-45所示。

图12-45 设置布料mCloth

03 预览动画。点击MassFX工具栏中的播放按钮▶，查看初始效果，发现窗帘对象掉到地面，如图12-46所示。

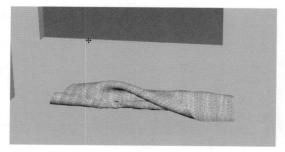

图12-46 初始动画效果

04 解决方法。在MassFX工具栏中，单击▶按钮，将虚拟实体重置为其原始状态按钮，然后选择窗帘对象，在"命令"面板的"修改"选项中，展开mCloth前面的"+"，选择"顶点"编辑方式，如图12-47所示。

图12-47 选择顶点编辑方式

05 单击并框选择窗帘上方的一部分顶点，在"修改"面板中，单击"设定组"按钮，如图12-48所示。

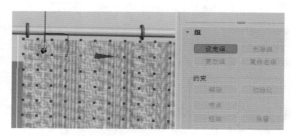

图12-48 选择顶点对象

06 设置完成组操作以后，单击"节点"按钮，然后选择要连接的窗帘圆环对象，如图12-49所示。

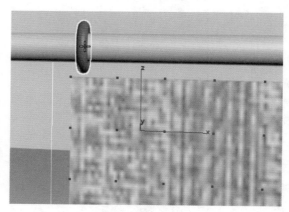

图12-49 连接点对象

07 采用同样的操作和方法，将另外的点分别连接到圆环上，如图12-50所示，在"修改面板"中能看到6个组的连接信息。

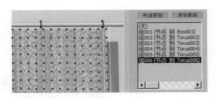

图12-50 连接点

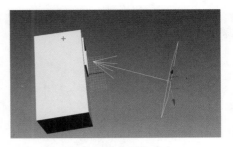

图12-53 调节风的位置和方向

08 重新选择mCloth，推出顶点模式，单击MassFX工具栏中的播放按钮 ▷ ，查看效果，从图中可以看出只受重力影响，如图12-51所示。可以在场景中添加一个风的外部环境对象。

图12-54 调节风的其他参数

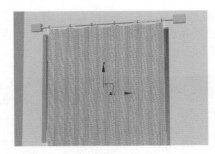

图12-51 动画预览效果

09 在"命令"面板的"新建"选项中，选择空间扭曲选项中的风对象，在场景中添加一个吹动窗帘的风因素，如图12-52所示。

图12-55 添加风对象

13 在MassFX工具选项中，更改刚体子步数，如图12-56所示。

图12-52 添加风对象

10 在场景中调节风吹的方向和位置，让风的方向和窗帘的位置有一定的夹角，如图12-53所示。

11 选择风对象。在"命令"面板的"修改"选项中，调整风的强度值、湍流值和频率值等参数，让风的变化多一些，可以模拟得更加真实一些，如图12-54所示。

12 选择窗帘物体。在"修改"面板中面找到力，添加场景中的风对窗帘产生影响，如图12-55所示。

图12-56 更改子步数

14 在场景中，选择窗帘对象，对其参数进一步调整，如图 12-57 所示。

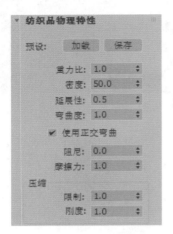

图12-57 纺织品物理特性

15 将材质显示。单击 MassFX 工具栏中的播放按钮 ，查看效果，可以看到风把窗帘吹起飘动，如图 12-58 所示。

图12-58 窗帘最终效果

3. 飘动的旗子

01 场景建模。根据前面学习的建模知识创建基本场景，如图 12-59 所示。

图12-59 基本场景

02 设置布料 mCloth。选择旗面对象，通过 MassFX 工具栏，将其设置为 mCloth 对象，如图 12-60 所示。

图12-60 设置布料mCloth对象

03 在"命令"面板的"修改"选项中，单击 mCloth 前面的"+"将其展开，选择顶点子编辑，选择靠近旗杆一侧垂直的一列点，对其执行设置组操作，如图 12-61 所示。

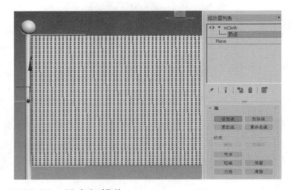

图12-61 设定组操作

04 激活节点连接，在场景中选择左侧旗杆，如图 12-62 所示。

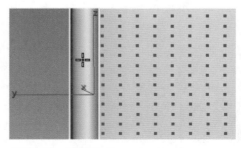

图12-62 设置节点

05 选择场景中的旗杆对象,对旗杆对象添加一个摆动的关键帧动画,如图 12-63 所示。

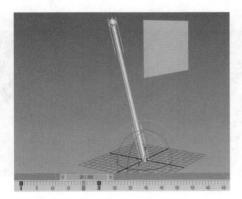

图12-63 添加关键动画

06 单击 MassFX 工具栏中的播放按钮 ▶ ,查看基本动画效果,如图 12-64 所示。

图12-64 基本动画效果

07 细节提升。在"命令"面板的"新建"选项中,在空间扭曲选项中,添加风对象,如图 12-65 所示。

图12-65 添加风对象

08 选择风对象,在场景中调整风吹的方向和位置,如图 12-66 所示。

09 选择旗面对象,在"修改"面板中,添加力对象并在场景中拾取风图标,如图 12-67 所示。

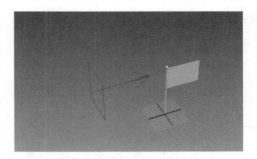

图12-66 调整风的位置和方向

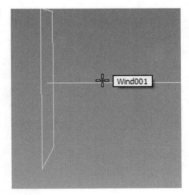

图12-67 添加风对象

10 在场景中,对风的参数进行部分微调,如图 12-68 所示。

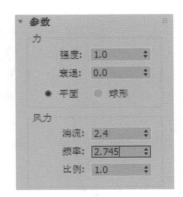

图12-68 调整风参数

11 选择旗面对象，设置纺织品物理特性，如图12-69所示。

图12-69 设置参数

12 单击MassFX工具栏中的播放按钮 ，查看动画效果，效果若合适，即可以进行烘焙，实现最终的动画效果，如图12-70所示。

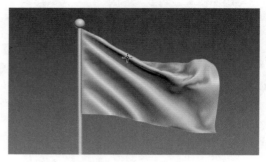

图12-70 最终动画效果

> **技巧分享**
>
> 读者在制作旗子动画时，可以对当前场景中的旗杆和旗面对象赋予材质，可以实现真实的五星红旗在风中摆动的效果，需要广大读者去发挥制作灵感。

第13章

环境特效与毛发系统

本章要点：

1 环境和效果

2 毛发Hair和Fur系统

3ds Max软件除了提供常见的动力学、动画基本操作以外，还提供了丰富的环境应用特效，通过环境特效可以模拟实现真实的雾效、火焰、体积光等特效，给广大软件使用者提供了丰富的创建空间。

通过软件自身附带的毛发系统，可以在制作角色时，添加真实的毛发效果，设计师笔下的人物更加栩栩如生，赋予更多的设计灵感。

13.1 环境和效果

在制作需要匹配环境类场景时，通常使用3ds Max软件中的环境特效，可以模拟3D环境中的场景特效，如雾、火焰等。环境特效所表现的效果，既可以输出静止的效果图，也可以在输出的动画中显示。

13.1.1 界面认识 ▼

环境特效和效果在实际使用时，有时需要借助辅助对象才可以实现其要表现的具体效果，具体的使用方法可以参照本章节的具体内容。在此先介绍其基本界面。

1. 界面开启

执行【渲染】菜单/【环境】命令或按数字【8】键，打开"环境和效果"面板，如图13-1所示。

2. 功能简介

● 背景颜色：用于设置当前场景渲染时的背景颜色，可以根据实际情况添加环境贴图。在使用环境贴图时，环境贴图的图形类型可以为球形环境、柱形环境和收缩包裹环境等类型。

● 全局照明：用于设置场景渲染时全局照明时的颜色和倍增强度，开启光能传递效果时，全局照明设置的颜色才会起作用。

● 大气：通过"添加"按钮，在当前场景中添加照明效果的插件，如火焰、雾、体积雾和体积光等。

● 效果：在效果界面中，添加毛发、毛皮、镜头光晕和景深等常见效果。

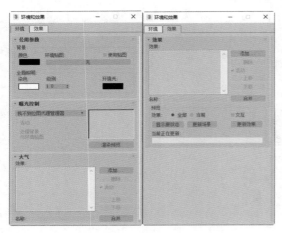

图13-1 "环境和效果"面板

13.1.2 雾和体积雾 ▼

雾和体积雾都属于环境中常用的特效，可以把生活中的雾效很好地模拟出来，增加场景的真实程度。

1. 雾

01 场景创建。根据前面学习的基础知识，创建简单的场景，如图13-2所示。

02 创建大气装置。在"命令"面板的"新建"选项中，单击"辅助对象"按钮，在下拉列表中选择"大气装置"选项，如图13-3所示。

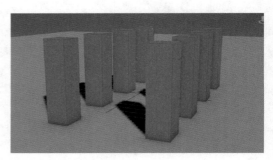

图13-2 简单场景

图13-3 选择大气装置

03 单击"长方体Gizmo"按钮，在场景中单击并拖动鼠标，创建长方体大气装置，如图13-4所示。

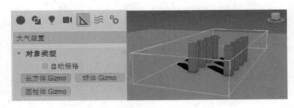

图13-4 创建长方体Gizmo

04 添加雾。执行【渲染】菜单/【环境】命令或按数字【8】键，弹出"环境和效果"面板，单击"添加"按钮，在弹出的界面中，双击"雾"效果，如图13-5所示。

图13-5 添加雾

05 预览查看。按【Shift+Q】组合键，对当前场景进行渲染查看，如图13-6所示。

图13-6 效果预览

06 细节调整。场景中添加雾效果后，渲染时就会显示雾特效，可以根据实际需要对当前场景中的雾进一步调整，在环境雾中，对基本参数进行调整，如图13-7所示。

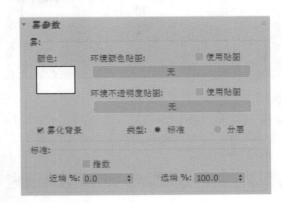

图13-7 "雾参数"面板

2. 体积雾

01 将上述雾的大气效果删除，在环境和雾界面中，再次添加体积雾特效，如图13-8所示。

图13-8 添加体积雾

02 预览查看。按【Shift+Q】组合键，对当前体积雾效果进行渲染预览，如图13-9所示。

图13-9 体积雾渲染效果

03 细节调整。选择场景中的"长方体Gizmo"对象，更改其基本尺寸，如图13-10所示。

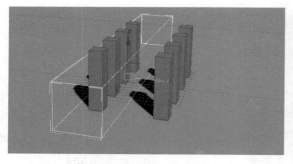

图13-10　调整大气装置体积大小

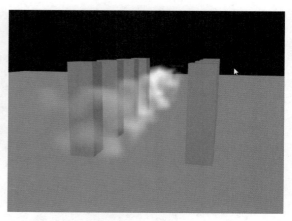

图13-11　更改后结果

04 再次按【Shift+Q】组合键，对当前场景进行渲染，在长方体内部产生体积雾效果，如图13-11所示。

技巧分享

　　在使用"长方体Gizmo"生成体积雾效果时，也可以先添加长方体Gizmo，在参数中直接通过大气来添加体积雾特效。或者在"环境"面板的"体积雾"参数中单击拾取Gizmo按钮拾取。

13.1.3　体积光和镜头光晕 ▼

　　体积光通常用于模拟灯光的照射光束效果，增加场景空间的层次和空间立体感。镜头光晕通常用于模拟小光圈下镜头对光源的反射效果。

1.体积光

01 场景创建。在场景中创建地面和两个简单的茶壶对象，如图13-12所示。

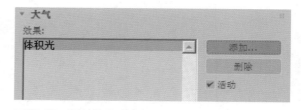

图13-13　添加体积光

03 创建灯光。在"命令"面板的"新建"选项中，在"灯光"选项中单击"目标聚光灯"按钮，在场景中单击并拖动，创建聚光灯对象，如图13-14所示。

图13-12　创建简单场景

02 添加特效。执行【渲染】菜单/【环境】命令，打开"环境和效果"面板，单击"大气"选项中的"添加"按钮，在弹出的界面中，添加体积光特效，如图12-13所示。

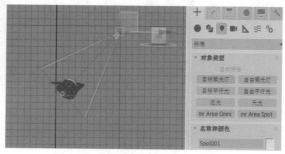

图13-14　创建目标聚光灯

04 在"环境和效果"面板中，单击体积光参数下面中的"拾取灯光"按钮,在场景中选择目标聚光灯,如图13-15所示。

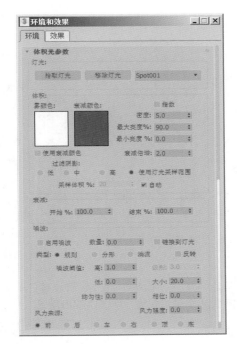

图13-17 体积光参数

2. 镜头光晕

01 场景创建。在场景中任意创建一盏灯光,这里创建一盏泛光灯,如图13-18所示。

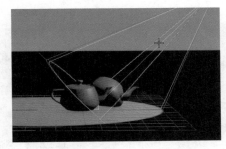

图13-15 拾取灯光

05 预览查看。按【Shift+Q】组合键,对当前场景进行效果的预览查看,如图13-16所示。

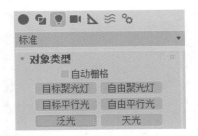

图13-18 添加灯光

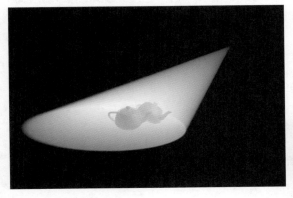

图13-16 渲染效果

06 细节调整。在"环境和效果"面板中,可以对当前体积光的效果进一步调整,使体积光效果更加真实和细腻,基本参数如图13-17所示。参数调节相对简单,在此不赘述。

02 选择当前灯光,切换到"命令"面板的"修改"选项中,单击"大气和效果"展卷栏中的"添加"按钮,在弹出的界面中,选择"镜头效果"选项,如图13-19所示。

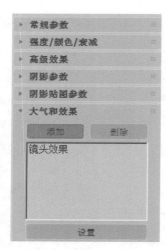

图13-19 添加镜头光晕

03 单击"修改"面板中的"设置"按钮，对当前的镜头光晕进行设置，如图13-20所示。

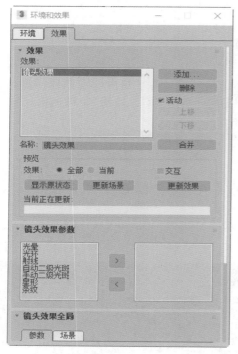

图13-20 参数设置

04 添加光晕。在"镜头效果参数"卷展栏下方选择光晕和光环，单击 > 按钮，添加到右侧窗口，如图13-21所示。

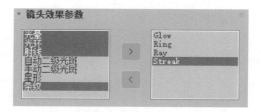

图13-21 添加光晕

05 预览查看。对于场景中的灯光，可以通过预览查看光晕效果，如图13-22所示。

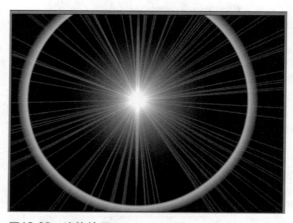

图13-22 渲染效果

13.1.4 实战：火焰的制作 ▼

在实现动画效果时，对于场景中需要火焰来表现时，既可以通过外部插件也可以通过软件本身的火焰效果来实现。在此，介绍通过3ds Max软件自带的效果制作燃烧的火焰。

01 场景建模。根据前面学习的基础建模知识，创建基本场景，如图13-23所示。

图13-23 基本场景

02 在"命令"面板的"新建"选项中,在"辅助对象"选项下拉列表中,选择大气装置,在场景中创建"球体Gizmo"对象,如图13-24所示。

图13-24 创建球体Gizmo

03 在"命令"面板的"修改"选项中,设置球体Gizmo的参数和大小,如图13-25所示。

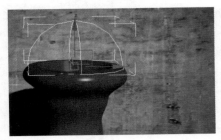

图13-25 调整参数

04 选择主工具栏中的"选择并缩放"工具,用缩放工具调整容器的大小,将其调整成椭圆半球,如图13-26所示。

图13-26 调整装置

05 添加特效。在"命令"面板的"修改"选项中,在"大气和效果"选项中,单击"添加"按钮,在弹出的界面中,添加火效果,如图13-27所示。

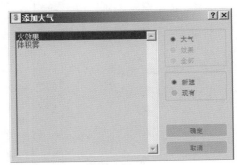

图13-27 添加火效果

06 创建灯光。在场景中添加两盏泛光灯并调整位置,如图13-28所示。

07 预览查看。按【Shift+Q】组合键,对当前场景进行渲染,如图13-29所示。

图13-28　灯光位置

图13-29　渲染效果

08 细节调整。在"命令"面板的"修改"选项中，在"大气和效果"卷展栏中，单击火效果，然后单击下方的"设置"按钮，弹出"环境和效果"面板，对当前参数进行调整，如图13-30所示。

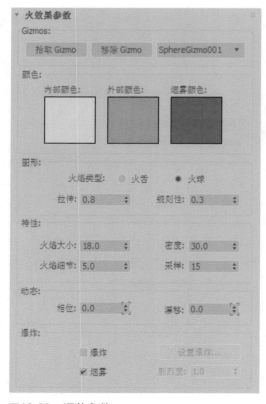

图13-30　调整参数

09 预览查看。按【Shift+Q】组合键，对当前场景再次进行渲染，如图13-31所示。

图13-31　渲染效果

10 细节提升。单击动画控制区中的"自动关键点"按钮，然后将时间滑块移动到第100帧，修改相关参数，如图13-32所示，再次单击"自动关键点"按钮，将其关闭。

图13-32　更改参数

11 单击主工具栏上的"渲染场景按钮"按钮，设置输出动画范围为0~100，如图13-33所示。

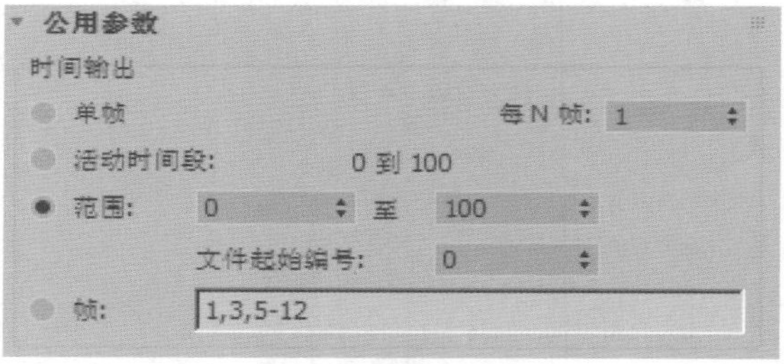

图13-33　设置输出范围

12 按【Shift+Q】组合键，对当前场景进行动态渲染，截取火焰燃烧后大火位置的页面，如图13-34所示。

图13-34　截取动态画面

13.2　毛发Hair和Fur系统

毛发系统是3ds Max软件中重要的应用功能之一，对于角色建模或是动画场景都有着极其重要的作用，特别是在2014以后的版本中，该功能有了明显的提升与改进。在2016版本中，毛发系统的添加与编辑，更符合设计师的使用规范，在软件开启GPU功能后，可以在场景默认的"真实"显示模式中，预览当前毛发的效果。

下面通过两个案例的制作，介绍毛发Hair和Fur系统。

13.2.1　实战：绒毛玩具熊

通过绒毛玩具熊的制作，介绍毛发Hair和Fur系统的使用方法。

01 场景制作。根据前面学习的建模知识创建基本场景，如图13-35所示。

图13-35　卡通熊玩具

02 在当前场景中创建目标聚光灯，调整位置，如图13-36所示。

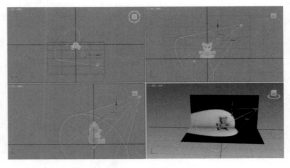

图13-36　创建聚光灯

03 在场景中创建一盏泛光灯来整体照明场景亮度。泛光灯的位置，如图13-37所示。

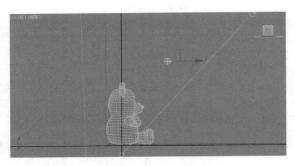

图13-37 创建泛光灯

04 选择泛光灯，在"命令"面板的"修改"选项中，勾选"启用"复选框，如图13-38所示。

图13-38 启用阴影

05 按【Shif+Q】组合键，对当前场景使用默认的线扫描进行渲染，如图13-39所示。

图13-39 渲染结果

06 添加毛发。选择玩具熊对象，在"命令"面板的"修改"选项中，添加"Hair和Fur（WSM）"命令，如图13-40所示。

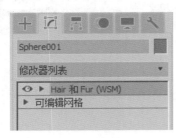

图13-40 添加毛发系统

07 添加毛发命令后，可以看到场景中的毛发效果，可以对其进行简单渲染，如图13-41所示。

图13-41 渲染和场景显示

08 细节提升。在"命令"面板的"修改"选项中，通过"常规"参数进行更改，如图13-42所示。

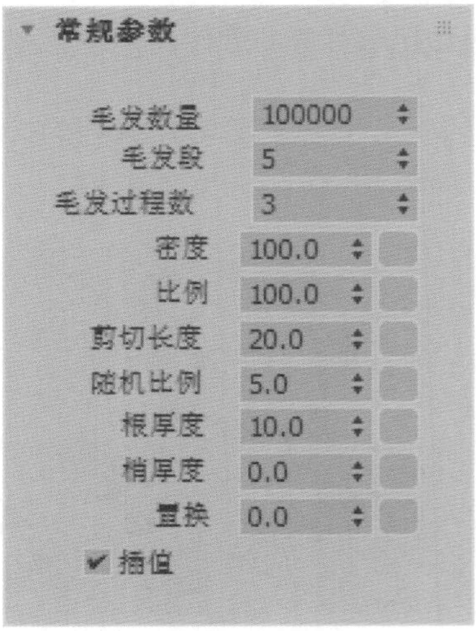

图13-42 常规参数

09 再次按【Shift+Q】组合键，进行场景渲染查看毛发长度和密度的效果，如图13-43所示。

图13-43　渲染效果

[10] 更改毛发的材质，设置梢和根的颜色，高光数值更改为1，如图13-44所示。

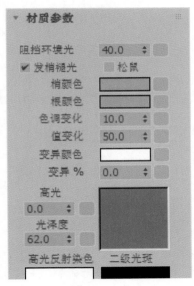

图13-44　更改材质

[11] 预览查看。按【Shift+Q】组合键，进行渲染，如图13-45所示。毛发的效果已经达到所需要的长度，只是由于毛发过长，对于眼睛等部位造成遮挡，需要进一步细节提升。

图13-45　渲染结果

[12] 修改细节。在"命令"面板的"修改"选项，单击"设计"参数下的"设计发型"按钮，单击发梳按钮 ✎ 和比例按钮 █ ，在场景中，对眼睛部位进行单击并拖动，调整毛发的长度，再次按【Shift+Q】组合键，对当前场景进行渲染，如图13-46所示。

图13-46　最终渲染效果

> **◯ 注意事项**
>
> 在用发梳对场景中的物体进行涂抹时，需要勾选"忽略背面毛发"复选框，防止涂抹时，影响模型后面的毛发区域。

13.2.2　实战：人物头发的制作　▼

人物头发在制作时，除了常见的毛发之外，还需要附加重力等空间扭曲对象，达到符合现实生活的特点。

01 人物建模。根据前面学习的基础建模来创建头像，如图 **13-47** 所示。

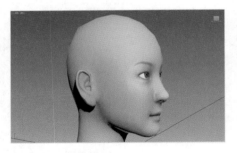

图13-47 人物模型

02 将当前视图切换到左视图 ，选择人物头像右击，把模型转换为可编辑多边形状态，如图 **13-48** 所示。

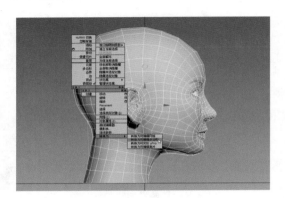

图13-48

03 按数字【4】键，选择要生长头发的多边形区域，单击参数中的"分离"按钮，以克隆对象分离模式，如图 **13-49** 所示。

图13-49 分离对象

04 添加毛发系统。选择即将生长头发的物体，在"命令"面板的"修改"选项中添加"Hair 和

Fur(WSM)"命令，按【Shift+Q】组合键，查看默认效果，如图 **13-50** 所示。

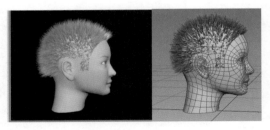

图13-50 默认毛发效果

05 提升细节。在"命令"面板的"修改"选项中，单击设计选项中的"设计发型"按钮，在下面的参数中，通过顶点、发梳和比例等按钮，进行发型调整，如图 **13-51** 所示。

图13-51 调整细节

06 将鼠标置于头发上，调整笔刷大小，单击并拖动鼠标，用鼠标左键单击拖动，往左方向是变小头发，往右方向是变大头发，我们的目的是变大，调整头发效果，如图 **13-52** 所示。

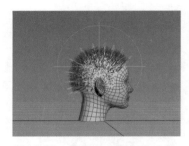

图13-52 笔刷大小要包裹头发

07 头发绘制完成后，单击"完成设计"按钮，切换到"动力学"卷展栏，选中动力学模式为

"现场"，重力值为3，刚度值为0，根控制值为0，衰减值为0，如图13-53所示。

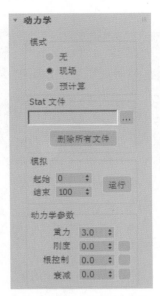

图13-53 更改动力学参数

图13-55 碰撞后效果

08 此时，发现在当前场景中，头发受重力影响自然下垂，如图13-54所示。

图13-54 重力影响

09 在碰撞参数中，将碰撞方式选择"多边形"，单击"添加"按钮，在场景中选择人物头部对象，此时效果比较真实，如图13-55所示。

10 在常规参数中，调整置换数值，可以解决头发根部和头皮的穿帮问题，如图13-56所示。

11 此时，当前场景中的毛发效果比较真实，如图13-57所示。

图13-56 更改置换

图13-57 毛发效果

12 修剪毛发。在当前场景中运动状态下，选择较好的1帧，再次单击"设计发型"按钮，在"命令"面板中，单击"剪毛发"按钮，在左视图中进行修剪，如图13-58所示。

图13-58　修剪毛发

设计头发的过程中只以黄色的导向线为主参考进行设计，头发的生成原理是以导向线为参考生成的头发，默认参数下，头发和导向线匹配效果有一定的不同步，将后面常规参数中的数值修改一下。若想同步效果更匹配完美，建议在使用毛发命令之前对模型网格平滑，让物体的面更多一些。

13　勾选"忽略背面毛发"复选框，继续使用"剪毛发"工具，对人物面部进行设计，让头发不要遮挡眼睛，修剪的过程中还是以黄色导向线为参考，不要以头发为参考，如图13-59所示。

图13-59　修剪前、后对比

14　更改头发的选择方式为"由头梢选择毛发"，可以看到导向线的梢部出现了控制点，如图13-60所示。

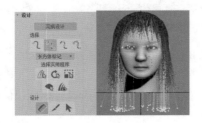

图13-60　更改选择方式

15　再次单击"发梳"按钮和"平移"按钮，以黄色导向线为参考对头发进行梳理，如图13-61所示。

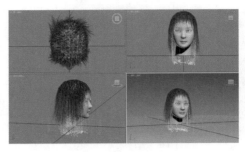

图13-61　更改后效果

16　修改完头发的发型后，单击"完成设计"按钮，退出发型基本设计操作，对常规参数进行调整，如图13-62所示。

图13-62　更改常规参数

17　按【Shift+Q】组合键，对当前场景进行基础渲染，如图13-63所示。

图13-63　基础渲染查看

通过上面的调整，人物头发效果基本实现，若要得到更好的效果，可以从增加人物模型的网格平滑、调整毛发的材质和颜色对发型调节等方面入手，调整为更符合现实生活的毛发效果。

第14章 粒子特效

本章要点：

① 粒子系统

② 粒子流源

在3ds Max软件中，为模拟现实中的水、火、雾、气等效果，可以通过粒子系统将无数的单个粒子组合使其呈现出固定形态，借由控制器、脚本来控制其整体或单个的运动，模拟出现真实的效果，是我们做三维动画设计不可缺少的实用资源。

14.1 粒子系统

粒子流系统是 3ds Max 在 6.0 以后版本加入的节点式粒子工具。3ds Max 是一款插件式软件平台，故其易用性强，但灵活性稍差。粒子流系统的加入造成了 3ds Max 节点上的突破。

粒子流系统更像是一种可视化编程工具，其中事件的判断更加强化要求使用者的逻辑思维。其灵活而强大的功能可以让用户简洁地创造出令人眩目的特效。如今粒子流建模、动画已经广泛应用于影视、广告、视频包装等可视化项目中。

粒子系统是一个相对独立的系统集合，它包含全部的发射装置，定义了场景中的粒子行为规则。粒子系统主要用来创建雨、雪、爆炸、灰尘、泡沫、火花、气流等。它还可以将任何造型作为粒子，用来表现成群的蚂蚁、热带鱼、吹散的蒲公英等动画效果。粒子系统主要用于表现动态的效果，与时间速度的关系非常紧密，一般用于动画制作。

14.1.1 雪 ▼

通过上面的内容介绍，对于没有基础的人员来讲可能已经看得有点儿摸不着头绪。没有关系，先看内容，了解认识了粒子之后，再去理解上面的简介内容。通过下面的内容让我们开始对粒子有一个全面的认识。

在粒子系统中，主要包括粒子流源、雪、暴风雪、喷射、超级喷射等。

1. 雪粒系统

01 在"命令"面板的"新建"选项中，在下拉列表中选择"粒子系统"选项，单击"雪"按钮，如图 14-1 所示。

图14-2　粒子视图

图14-1　粒子创建

02 在顶视图中，单击并拖动，创建矩形雪粒发射器，如图 14-2 所示。

03 单击动画控制区的 ▶ 按钮，查看当前雪粒系统的效果，如图 14-3 所示。

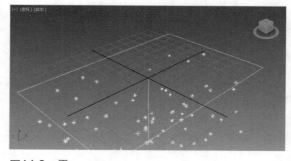

图14-3　雪

04 打开雪的图像，单击并拖动到透视图中，即可作为当前视图的背景，如图 14-4 所示。

图14-4 导入背景

05 选择雪发射器物体，在前、左视图中调整位置，按【G】键，将透视图中的网格关闭，单击动画控制区的"播放"按钮，4个视图同时进行预览，如图14-5所示。

图14-5 预览

2. 参数说明

在进行雪粒加载时，可以更改其参数，调整雪的效果，如图14-6所示。

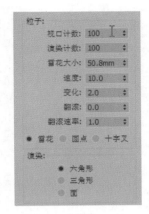

图14-6 参数

● 粒子：当前选项用于设置雪花大小、下落速度、数量和雪花的形态。

● 渲染：用于设置雪粒系统在渲染时的形态，通常为六角形。

● 计时：用于设置雪花粒子的生命周期。

14.1.2 暴风雪 ▼

暴风雪粒子效果与雪粒子效果类似，但比雪粒实现的效果要强大很多，它们都在粒子系统，如图14-7所示。

图14-7 暴风雪

1. 参数说明

暴风雪的参数比普通雪的参数更多，通过参数可以实现更多的效果，虽然名字为暴风雪，但实现的效果不局限于暴风雪。

● 基本参数：在该选项中，可以改变发射

器的尺寸大小和在视图中查看的状态效果，如图14-8所示。

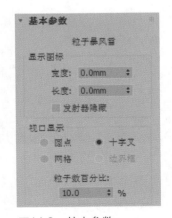

图14-8 基本参数

● 粒子生成：在该选项中，可以设置粒子数量、速度、寿命、发射时间和粒子大小等设置，如图14-9所示。

图14-9　粒子生成

图14-10　旋转和碰撞

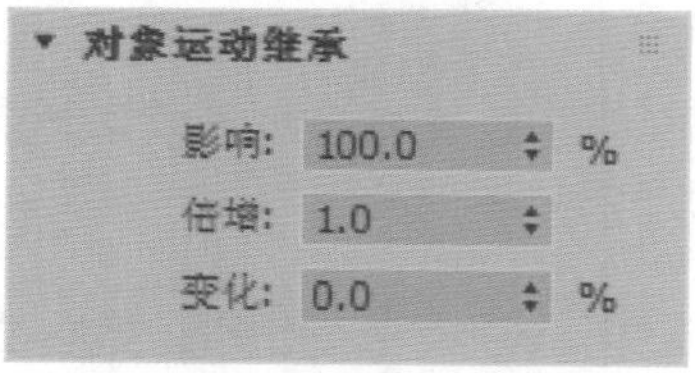

图14-11　对象运动继承

● 旋转和碰撞：在该选项中，可以控制粒子的旋转和旋转的不同样式，并且可以模拟粒子碰撞效果，如图14-10所示。

● 对象运动继承：在该选项中，设置对象运动的继承属性，如图14-11所示。

● 粒子繁殖：在"粒子繁殖"选项中，设置当粒子发生碰撞以后，繁殖出来的粒子的相关属性，如图14-12所示。

图14-12　粒子繁殖

● 加载/保存预设：在该选项中，可以将对当前复杂的设置存储，再次使用时，可以直接加载，如图14-13所示。

图14-13　预设

2. 粒子替换

暴风雪并不是只能模拟雪的效果。渲染时，看到雪粒子可以调成不同的多边形形态，如图14-14所示。

图14-14　不同效果

首先，在场景中创建暴风雪粒子和要替换的对象，如图14-15所示。

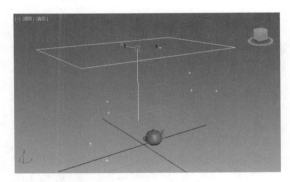

图14-15　创建场景

其次，选择粒子对象，在"命令"面板的"修改"选项中，设置"粒子类型"为"实例几何体"，单击场景中的"茶壶"对象，如图14-16所示。

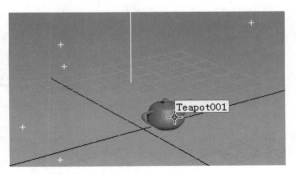

图14-16　拾取几何体

按【Shift+Q】组合键，查看渲染结果，此时发现粒子变成了茶壶对象，如图14-17所示。

图14-17　粒子替换

14.1.3　粒子云　▼

粒子云系统只能在规定的空间内产生粒子造型，其空间可以是立方体、柱体和球体。通俗地讲，粒子云是体积发射器，前面介绍了雪和暴风雪发射器。

1. 创建粒子云

在"命令"面板的"新建"选项中，在下拉列表中选择"粒子系统"选项，单击"粒子云"按钮，在"粒子分布"中设置粒子云的形状，在视图中单击创建，如图14-18所示。

2. 参数说明

在粒子云系统中共有9个展卷栏参数，如图14-19所示。与前面的"暴风雪"类似，在此不赘述。

图14-19　粒子云参数

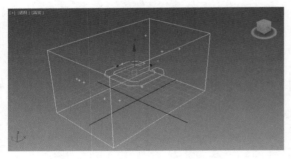

图14-18　粒子云

14.1.4　喷射　▼

喷射粒子系统可以模拟下雨效果，喷射的参数和雪粒子系统的参数类似，只是粒子形态上有所不同。

1. 创建喷射

在"命令"面板的"新建"选项中，在下拉列表中选择"粒子系统"选项，单击"喷射"按钮，在视图中单击创建，如图14-20所示。

图14-20　喷射

2．参数说明

喷射粒子的参数相对简单，如图14-21所示，在此不赘述。

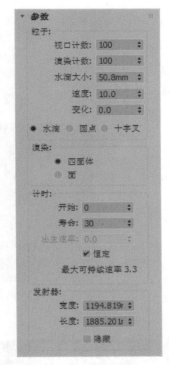

图14-21　喷射参数

14.1.5　超级喷射　▼

超级喷射粒子可以模拟下雨或喷泉的效果，该粒子与"暴风雪"系统差不多，只是在展卷栏中多了一个气泡运动卷展栏。

1．创建超级喷射

在"命令"面板的"新建"选项中，在下拉列表中选择"粒子系统"选项，单击"喷射"按钮，在视图中单击并拖动，完成超级喷射的创建，如图14-22所示。

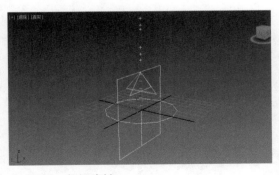

图14-22　超级喷射

2．参数说明

与"暴风雪"类似的参数在此不赘述，主要看一下"气泡运动"参数，如图14-23所示。

图14-23　气泡运动

在"气泡运动"选项中，主要用于设置模拟气泡运动效果的一些常用参数。

14.1.6 粒子阵列 ▼

粒子阵列粒子系统是以一个三维对象为发射器向外发射的粒子系统，粒子可以是标准几何体，也可以是其它网格对象，还可以是其自身表面。总之，该粒子系统是给予一个三维物体的发射器。

按照与前面方法类似的操作，创建粒子阵列，如图14-24所示。其参数相对简单，在此不赘述。

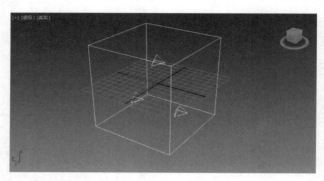

图14-24　粒子阵列

14.2 粒子流源

前面的基础粒子，如雪、暴风雪、喷射、超级喷射和粒子阵列等，它们都有一个共同的特点——放射器，都可以调整粒子和发射器来影响最终的效果。

粒子流源是一个万能的粒子系统，在3ds Max 2021版本中，该功能得到质的飞跃和提升，可以实现更为复杂和美观的粒子效果。

粒子流源的功能已经不再是单一的粒子系统了，而是通过功能的添加、事件的编辑来控制粒子的播放等操作。

14.2.1 创建粒子流源 ▼

在"命令"面板的"新建"选项中，在"几何体"下拉列表中选择"粒子系统"选项，单击"粒子流源"按钮，在场景中单击并拖动，如图14-25所示。

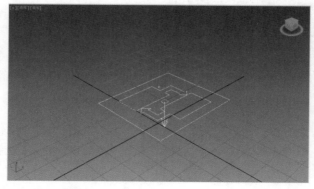

图14-25　创建粒子流源

此时，在当前视图中，并没有太多的参数和效果，对于"粒子流源"的编辑，需要通过"粒子视图"来实现。

单击参数中的 粒子视图 按钮或按数字【6】键，弹出"粒子视图"对话框，如图14-26所示。

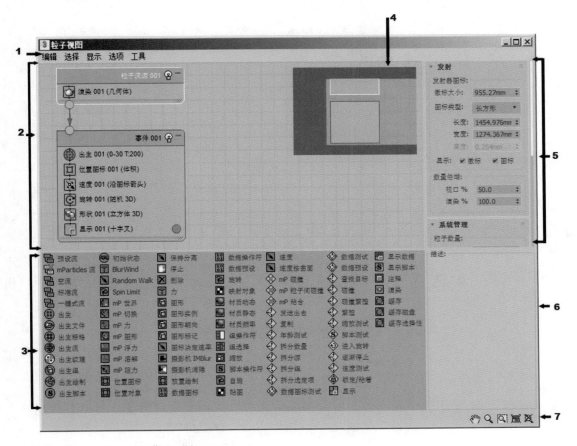

图14-26　"粒子视图"对话框

14.2.2　参数说明　▼

● 菜单栏：提供了用于编辑、选择、调整视图以及分析粒子系统的功能。

● 事件显示：包含粒子图表，并提供修改粒子系统的功能。

若要将某动作添加到粒子系统中，则将该动作从仓库拖动到事件显示中。如果将其放置到事件显示的空白区域，则会创建一个新事件。如果将其拖动到现有事件中，则其结果取决于放置该动作时显示的是红线还是蓝线。如果是红线，则新动作将替换原始动作；如果是蓝线，则该动作将插入列表中。

若要编辑动作的参数，则在事件中单击此动作的名称，参数将显示在"粒子视图"的右侧。

事件与事件直接是可以连接的，若要将测试与事件关联，则从测试输出中将绿色圆圈拖动至事件输入（其从顶部伸出）。也可以将输入拖动至输出。同样，通过在全局事件底部的源输出和事件输入之间拖动，可以将全局事件与出生事件关联，如图14-27所示。

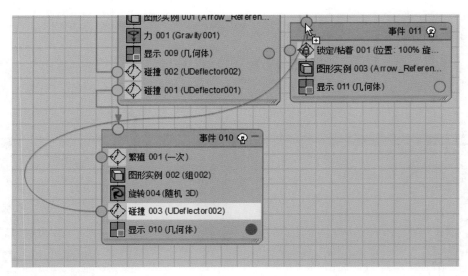

图14-27　事件关联

● 仓库：仓库包含所有"粒子流"动作，以及几种默认的粒子系统。若要查看项目说明，则单击仓库中的项目。若使用项目，则将其拖到事件显示中。仓库的内容可划分为操作符、测试和流三个类别。

● 导航器：导航器窗口在事件显示的右上角显示，可以理解成事件排列的缩略图，如图14-28所示。

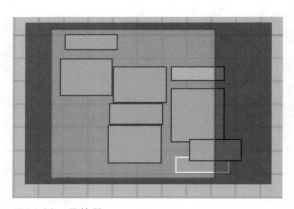

图14-28　导航器

● 参数面板：当选择事件之后，在粒子视图的右边有"参数"面板，包含多个卷展栏，用于查看和编辑任何选定动作的参数。基本功能与3ds Max命令面板上的卷展栏的功能相同，包括右键单击菜单的使用。

● 描述面板：将显示高亮显示的仓库项目的简短说明。

● 显示工具：用于将事件显示在窗口中。

● 显示工具：用于对事件显示图标、平移、缩放、缩放区域等操作。

　　第一个事件称为全局事件，因为它包含的任何操作符都能影响整个粒子系统。全局事件总是与"粒子流"图标的名称一样，默认为"粒子流源"（以01开始并且递增计数）。跟随其后的是出生事件，如果系统要生成粒子，它必须包含"出生"操作符。默认情况下，出生事件包含此操作符以及定义系统初始属性的其他几个操作符。可以向粒子系统添加任意数量的后续事件，出生事件和附加事件统称为局部事件。之所以称为局部事件是因为局部事件的动作通常只影响当前处于事件中的粒子。

　　使用测试来确定粒子何时满足条件，可离开当前事件并进入不同事件中。为了指明下面它们应该进入何处，应该关联测试至另外一个事件。此关联定义了粒子系统的结构或流。

　　默认情况下，事件中每个操作符和测试的名称后面是其最重要的一个设置或多个设置（在括号中）。事件显示上面是菜单栏，下面是仓库，它包含粒子系统中可以使用的所有动作，以及默认粒子系统的选择。

14.2.3　面板参数　▼

　　在创建完成"粒子流源"对象后，在"命令"面板中，可以查看参数，如图14-29所示。

● 粒子视图：单击该按钮可以打开粒子视图界面。

发射

　　用于设置发射器（粒子源）图标的物理特性，以及渲染时视口中生成的粒子的百分比。

● 徽标大小：设置显示在源图标中心的粒子流徽标的大小，以及指示粒子运动默认方向的箭头。

　　默认情况下，徽标大小与源图标的大小成比例；使用此控件，可以对其进行放大或缩小。该设置仅影响徽标的视口显示；更改此设置不会影响粒子系统。

● 图标类型：选择源图标的基本几何体矩形、长方体、圆形或球体，默认设置为矩形。

　　仅在将源图标作为粒子发射器时，此选择才起作用。可用的大小设置取决于所选择的图标类型，而且仅在将源图标作为发射器时，大小设置才有意义。

　　默认的图标类型为"矩形"。如果添加了粒子系统，然后将图标类型更改为"长方体"，则图标仍类似于矩形。若要使其看起来像长方体，则增加"高度"设置。

图14-29　参数面板

● 长度：设置"矩形"和"长方体"图标类型的长度以及"圆形"和"球体"图标类型的直径。

● 宽度：设置"矩形"和"长方体"图标类型的宽度。不适用于"圆形"和"球体"图标类型。

● 高度：设置"长方体"图标类型的高度，仅适用于"长方体"图标类型。

● 显示徽标/图标：分别打开和关闭徽标（带有箭头）和图标的显示。

以上参数的设置仅影响这些项的视口显示，不会影响实际渲染的粒子系统。

● 数量倍增：这些设置可确定渲染时在视口中实际生成的每个流中粒子总数的百分比。它们不影响可见粒子的百分比；可见粒子的百分比由"显示"操作符和"渲染"操作符确定。使用它们可以快速并一致地减少或增加粒子系统中所有事件的粒子数。使用最大设置10 000%可以将流生成的粒子数增加100倍。

粒子总数由下列操作符和测试的组合效果确定：出生、出生脚本、删除、碰撞繁殖和繁殖。脚本化操作符和测试也影响粒子总数。

● 视口：用于设置系统中在视口内生成的粒子总数的百分比，默认值为50.0，范围为0.0~10000.0。

● 渲染：用于设置系统中在渲染时生成的粒子总数的百分比，默认值为100.0，范围为0.0~10000.0。

14.2.4 选择展卷栏 ▼

默认时当前展卷栏合并，需要将其展开，如图14-30所示。

选择展卷栏，可使用这些控件基于每个粒子或事件来选择粒子。事件级别粒子的选择用于调试和跟踪。在"粒子"级别选定的粒子可由"删除"操作符、"组选择"操作符和"拆分选定项"测试操纵。无法直接通过标准的3ds Max工具（如"移动"和"旋转"）操纵选定粒子。

● ⋮⋮粒子：用于通过单击粒子或拖动一个区域来选择粒子。

● 🗀事件：用于按事件选择粒子。在此层级，可以通过高亮显示"按事件选择"列表中的事件或使用标准选择方法在视口中选择一个或多个事件中的所有粒子。若要将一个选择从"事件"级别转化为"粒子"级别，以便"删除"操作符或"拆分选定项"测试使用，则使用从事件级别获取。

选定粒子以红色（如果不是几何体）显示在视口中，并采用"显示"操作，"选定"设置指定的形式。

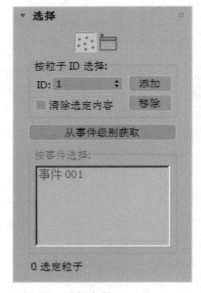

图14-30　选择参数

● 按粒子ID选择：每个粒子都有唯一的ID号，从第一个粒子使用1开始，并递增计数。使用这些控件可按粒子ID号选择和取消选择粒子，仅适用于"粒子"选择级别。

● 添加：设置完要选择的粒子 ID 号后，单击"添加"按钮将其添加到选择中。默认情况下，选择一个粒子并不会取消选择其它粒子。

● 移除：设置完要取消选择的粒子ID号后，单击"移除"按钮可将其从选择中移除。

● 清除选定内容：勾选该复选框后，单击"添加"按钮，选择粒子会取消选择所有其他粒子。

14.2.5 系统管理 ▼

将"系统管理"展卷栏展开，如图14-31所示。

图14-31 系统管理

粒子数量

● 上限：系统可以包含粒子的最大数目，默认设置为100 000，范围从1到10 000 000。

积分步长

对于每个积分步长，粒子流都会更新粒子系统，将每个动作应用于其事件中的粒子。较小的积分步长可以提高精度，却需要较多的计算时间。这些设置可以在渲染时对视口中的粒子动画应用不同的积分步长。

大多数情况下，使用默认"积分步长"设置即可。当应该与导向板碰撞的快速移动的粒子穿透导向板时，增加实例中的积分步长频率可能会很有帮助。

● 视口：设置在视口中播放的动画的积分步长，默认设置为"帧"（每个动画帧一次），范围为"八分之一帧"至"帧"。

● 渲染：设置渲染时的积分步长，默认设置为"半帧"（每个动画帧两次），范围为"1Tick"至"帧"，每秒有4 800个Tick；因此，若以每秒30帧的NTSC视频速率播放，则每帧有160个Tick。

14.2.6 脚本 ▼

"脚本"展卷栏展开后，显示具体的参数设置，如图14-32所示。

该卷展栏可以将脚本应用于每个积分步长以及查看每帧的最后一个积分步长处的粒子系统。使用"每步更新"脚本可设置依赖于历史记录的属性，而使用"最后一步更新"脚本可设置独立于历史记录的属性。

● 启用脚本：勾选该复选框，可引起按每积分步长执行内存中的脚本。通过单击"编辑"按钮修改此脚本，或者使用此组中其余控件加载并使用脚本文件，默认脚本将修改粒子的速度和方向，从而使粒子跟随波形路径。

● 编辑：单击此按钮，可打开具有当前脚本的文本编辑器窗口。

当"使用脚本文件"处于禁用状态时，这是默认的"每步更新"脚本（3dsmax\scripts\particleflow\example-everystepupdate.ms）。当"使用脚本文件"处于启用状态时，如果已加载一个脚本，则勾选该复选框，是加载的脚本。如果未加载脚本，单击"编辑"按钮将显示"打开"对话框。

● 使用脚本文件：当此项处于启用状态时，可以通过单击下面的按钮加载脚本文件。

● [无]按钮：单击此按钮可显示"打开"对话框，通过此对话框指定要从磁盘加载的脚本文件。加载脚本后，脚本文件的名称将出现在按钮上。

图14-32　脚本

最后一步更新

当完成所查看（或渲染）的每帧的最后一个积分步长后，执行"最后一步更新"脚本。例如，在关闭"实时"的情况下，如果在视口中播放动画，则在粒子系统渲染到视口之前，粒子流会立即按每帧运行此脚本。但是，如果只是跳转到不同帧，则脚本只运行一次，因此如果脚本采用某一历史记录，就可能获得意外结果。

因此，最好使用"最后一步更新"脚本来修改依赖于历史记录的属性。例如，如果系统中的操作符都不依赖于材质索引，则可以使用它来修改材质索引。在这种情况下，不必在每个中间积分步长中都设置那些索引。此外，如果知道位置的解析表达式，也可以在"最后一步更新"脚本中设置位置通道。

● 启用脚本：勾选该复选框，可引起在最后的积分步长后执行内存中的脚本。通过单击"编辑"按钮修改此脚本，或者使用此组中其余控件加载并使用脚本文件。

默认脚本将修改粒子的速度和方向，从而使粒子跟随灯泡形路径。

● 编辑：单击此按钮，可打开具有当前脚本的文本编辑器窗口。

当"使用脚本文件"处于禁用状态时，这是默认的"最后一步更新"脚本（3dsmax\scripts\particleflow\example-finalstepupdate.ms）。当"使用脚本文件"处于启用状态时，如果已加载一个脚本，则是加载的脚本。如果未加载脚本，单击"编辑"按钮将显示"打开"对话框。

● 使用脚本文件：当此项处于启用状态时，通过单击下面的按钮加载脚本文件。

● [无]按钮：单击此按钮可显示"打开"对话框，通过此对话框指定要从磁盘加载的脚本文件。加载脚本后，脚本文件的名称将出现在按钮上。

第15章

综合案例：自由飘落的叶子、乱箭齐飞、色块的运动

本章要点：

① 自由飘落的叶子

② 乱箭齐飞

③ 色块的运动

通过前面动画和粒子部分的学习，让广大读者对动画所用到的部分有了认识和了解，在本章中将通过几个综合的实例，来进一步巩固前面的知识内容。

15.1 综合案例：自由飘落的叶子

根据一片叶子的模型，通过 3ds Max 的粒子系统，实现大量叶子的自由飘落动画。通过粒子系统方便控制动画的自由效果。

15.1.1 动画准备 ▼

在进行自由飘落动画制作前，在场景中创建符合动画要求的模型，同时给其添加叶子的材质效果。

01 通过多边形建模的方式创建叶子模型，如图 15-1 所示。

图15-1 叶子

02 导入视图背景，在透视图中，按【Alt+B】组合键，弹出"视图配置"对话框，如图15-2所示。

03 单击"文件"按钮，选择视图背景文件，单击"确定"按钮，完成背景导入，如图15-3所示。

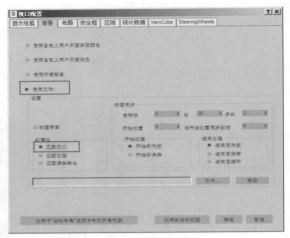

图15-2 "视口配置"对话框

图15-3 视图背景

15.1.2 粒子系统特效 ▼

在进行自由飘落动画时，使用的是"粒子流源"系统，可以更加方便地控制粒子的各种动作事件，包括生命周期、繁殖等影响动画效果的不同事件，通常它们可以实现真实的动画效果。

1. 创建粒子

01 在"命令"面板的"新建"选项中，在下拉列表中选择"粒子系统"选项，单击"粒子流源"按钮，在顶视图中单击并拖动，创建发射器，如图15-4所示。

02 在前视图或左视图中，调整发射器的位置，使其置于叶子的上方位置，如图15-5所示。

2. 匹配叶子

01 按数字【6】键，打开粒子视图，进行粒子设置，如图15-6所示。

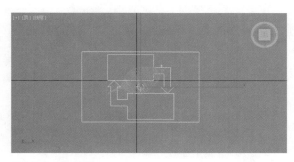

图15-4　发射器

图15-5　调整位置

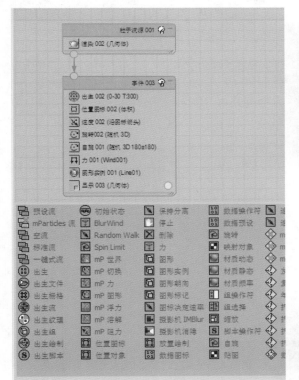

图15-6　粒子设置

02 将形状事件选中，按【Delete】键，将"形状002"替换成"图形实例001"，如图15-7所示。

图15-7　替换

03 选择图形实例，在面板右侧的参数中，单击"粒子几何体对象"按钮中的"无"按钮，在透视图中选择叶子对象，如图15-8所示。

图15-8　拾取叶子

3. 粒子替换

在"粒子视图"面板中，单击"显示003"事件，将右侧参数的显示类型更改为几何体，此时，粒子显示为叶子造型，如图15-9所示。

图15-9　粒子替换

4．局部调节

01 在进行叶子大小更改时，只需设置粒子的尺寸即可，选择"图形实例"，在右侧的参数中直接更改比例和变化即可，如图15-10所示。完成最后的调整效果，如图15-11所示。

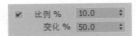

图15-10　更改比例和变化

图15-11　调整结果

02 选择最初的叶子模型右击，在弹出的屏幕菜单中选择"隐藏选定对象"命令。

5．细节调整

● 调整叶子数量：在粒子视图中，选择"出生002"事件，在右侧的参数中，将数量设置为300。

● 调整下落程度：在粒子视图中，选择事件面板，单击"速度002"，将速度设置为10，变化调整为20。

● 调整下落自旋：在粒子视图中，选择自旋事件，将自旋速率更改为180，变化调整为180。

● 创建风场：在"命令"面板的"新建"选项中，单击"空间扭曲"按钮，在下拉列表中选择"力"选项，单击"风"按钮，如图15-12所示。

图15-12　风

01 在左视图中单击并拖动，创建风对象，在前视图中，调整风的位置，如图15-13所示。

图15-13　风对象

02 在粒子视图中添加"力"，然后单击"力"，单击右侧面板中的"添加"按钮，在场景中选择风对象，如图15-14所示。选择场景中的风对象，设置风强度为0.1。

图15-14　添加风

03 单击动画控制区的▶按钮，查看场景中叶子的自由飘落效果。

15.2 综合案例：乱箭齐飞

本案例制作乱箭齐飞的效果，遇到强硬障碍物时，可以出现折断的效果。模拟出现实生活中的真实效果，在动画调节时，使用了替换粒子的方式，也是实现真实效果不可缺少的动画效果。

15.2.1 创建真实场景 ▼

通过前面建模的方式，分别创建完整箭和中间断开箭的造型。分别将各自的内容成组，方便后续选择和编辑操作。

01 通过前面学习的建模知识，创建完整的箭和折断的箭，如图15-15所示。

让箭头射击的地方，尽量远离粒子发射器。因为箭在飞行的过程中有一段距离，如图15-16所示。

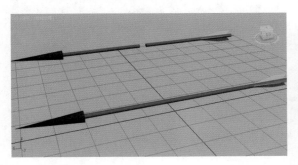

图15-15 模型

02 在场景中还要制作一个平台和一根柱子，

图15-16 场景

15.2.2 创建动画装备 ▼

在基本模型创建完成以后，需要添加符合当前场景的动画装备，在本案例中仍然使用"粒子流源"动画装备，通过调节不同的粒子事件，实现模型的替换操作。

1. 创建

01 在"命令"面板的"新建"选项中，在"几何体"下拉列表中选择"粒子系统"选项，单击"粒子流源"按钮，在左视图中单击并拖动，如图15-17所示。

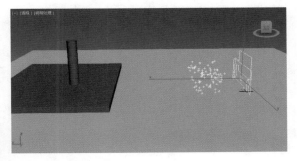

图15-18 调整位置

2. 粒子替换完整箭头

01 按数字【6】键，打开粒子视图，按"自由飘落"的方式，完成粒子替换，如图15-19所示。

02 选择时间中的旋转方式，在右侧方式中将方形矩阵的参数更改为"速度空间跟随"，此时，箭头的方向为正确，如图15-20所示。

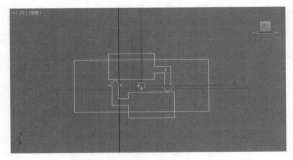

图15-17 创建粒子流源

02 调整发射器和柱子之间的位置，如图15-18所示。

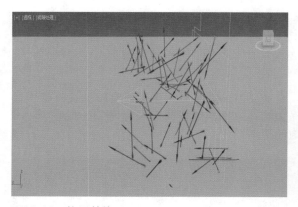

图15-19　粒子替换

图15-20　正确结果

3．添加重力

01 在"命令"面板的"新建"选项中，单击"空间扭曲"按钮，在下拉列表中选择"力"对象，单击"重力"按钮，如图15-21所示。

图15-21　重力

02 在顶视图中单击并拖动创建重力对象，在粒子视图中添加"力"图标，单击"添加"按钮，在场景中单击拾取重力控制器，单击"播放"按钮，查看箭头效果。

03 对于箭头的速度，可以根据实际需要更改粒子视图中的速度选项，在此不赘述。

4．调整发射角度

在前视图中，选择粒子发射对象，通过旋转工具对其进行适当旋转，将乱箭落地的位置调整到柱子位置，如图15-22所示。

图15-22　调整位置

5．碰撞效果

01 在粒子视图中，单击"碰撞"图标并将其拖动到事件窗口的下端，如图15-23所示。

图15-23　添加碰撞事件

02 在"命令"面板的"新建"选项中，单击"空间扭曲"按钮，在下拉列表中选择"导向器"选项，单击"全导向器"按钮，如图15-24所示，在透视图中单击创建全导向器对象，如图15-25所示。

图15-24　全导向器

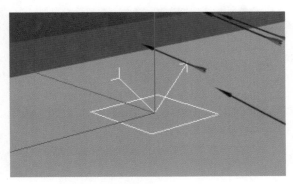

图15-25　创建全导向器对象

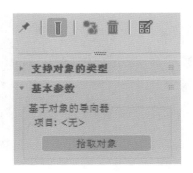

图15-26　拾取对象

03 选择全导向器对象，在"命令"面板的"修改"选项中，单击"拾取对象"按钮，如图15-26所示。在场景中选择柱子物体，实现全导向器与柱子的绑定。

04 打开粒子视图，单击"碰撞"图标，在右侧的参数面板中选择导向器即可。在进行场景播放时，发现当箭遇到柱子时，会出现反弹效果，如图15-27所示。

图15-27　反弹

15.2.3　动画细节调整　▼

通过前面的实例和操作，基本的动画效果已经实现，但是与现在生活中的效果来对比一下，就会发现部分的效果不真实，需要添加"繁殖"操作，实现箭头碰到柱子反弹后变成折断的效果。

1.添加"繁殖"

01 单击"繁殖"图标，将其拖动到粒子视图，使其生成一个单独的事件，如图15-28所示。

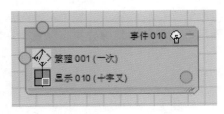

图15-28　添加事件

02 通过鼠标左键，将"碰撞事件"和"繁殖事件"连接起来，如图15-29所示。

03 在进行场景播放时，发现箭在遇到柱子反弹后，显示为粒子状态，如图15-30所示。

图15-29　事件连接

在繁殖事件中，将粒子类型改为几何体，在播放时，可以看到反弹后转换为其他颜色对象，如图15-31所示。

图15-30 粒子状态

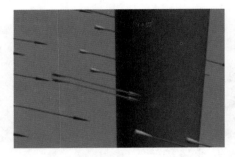

图15-31 繁殖几何体

04 将图形实例添加到繁殖事件中，在参数"粒子几何对象"中单击"无"按钮，选择已经"群组"过的断箭和箭头对象，动画播放，如图15-32所示。

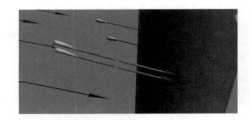

图15-32 替换效果

05 在繁殖事件中，勾选图形实例下面的"组成员"复选框，如图15-33所示。

06 在繁殖事件中，添加旋转，并设置方向矩阵为"随机3D效果"，查看播放效果，如图15-34所示。

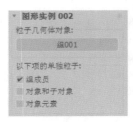

图15-33 组成员

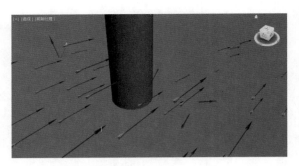

图15-34 旋转事件

2. 全导向器

在场景中添加全导向器，让碰到柱子产生的断箭和没有碰到柱子下落的箭都落在地面上。

01 在场景中创建全导向器，在"命令"面板的"修改"选项中，单击"拾取对象"按钮，选择地面对象，如图15-35所示。

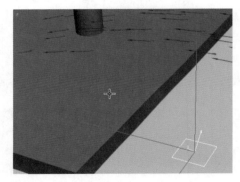

图15-35 拾取地面

02 在第一个事件中再次添加一个碰撞事件，单击拾取第二个导向器，如图15-36所示。播放动画后，地板具有反弹效果，如图15-37所示。

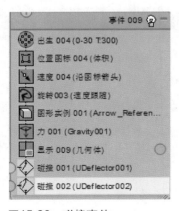

图15-36 碰撞事件

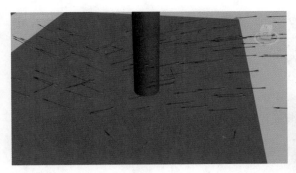

图15-37 地面反弹

03 单击 ◆ 锁定/粘着 按钮，拖动窗口为一个事件，找到第二个碰撞事件，将其连接到"锁定/粘着"事件，如图15-38所示。

图15-38 连接

04 选择锁定/粘着事件，将"显示011"改为"几何体"，单击"锁定/粘着"事件，在参数中，单击"添加"按钮，拾取场景中的地板对象，进行动画播放查看效果，如图15-39所示。

图15-39 测试效果

15.3 综合案例：色块的运动

色块运动的动画可以实现受外界力量整个破碎，且会自动向前移动后倒下的效果。真实的位置移动和瞬间的破碎，将外界力量的撞击表现得惟妙惟肖。

通过控制长方体块实现色块的运动效果，如图15-40所示。

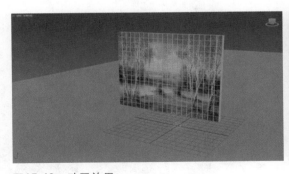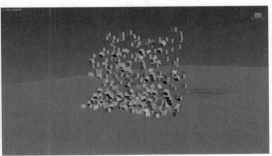

图15-40 动画效果

15.3.1 创建模型 ▼

一个好的色块运动效果，离不开逼真的造型，因此，在本案例中的建模操作，需要广大读者认真创建出精美的模型，方便实现动画效果。

01 在前视图中创建平面对象，长度和宽度段数分别为15和20，如图15-41所示。

02 利用"自动关键帧"动画的试，创建0~40帧各前移动位置的动画，在此不赘述。

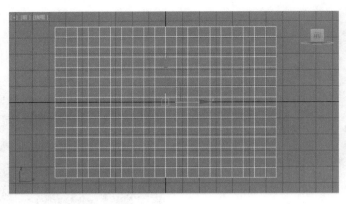

图15-41 平面

15.3.2 创建发射器 ▼

在色块运动动画中，仍然使用"粒子流源"粒子，只是在事件中使用了另外的动画事件，通过本案例的讲解和操作，掌握另外的事件。

1.添加

01 添加粒子对象，按数字【6】键，弹出粒子视图，添加mPparticles flow事件，如图15-42所示。

图15-42 添加事件

02 在库中，将"位置对象"添加到当前事件中，如图15-43所示。

03 在位置对象的参数中找到发射器对象，拾取"平面001"物体，在场景中选择平面对象，如图15-44所示。

图15-43 添加位置

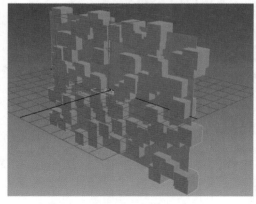

图15-44 拾取物体

2．粒子平铺发射器

01 在位置对象的参数中，勾选"锁定发射器"复选框，在"位置"选项中，选择"所有顶点"选项，如图15-45所示。显示粒子的平铺效果，如图15-46所示。

图15-45　选择参数

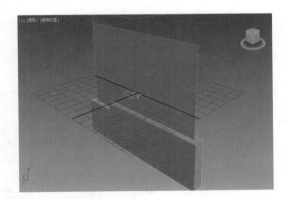

图15-46　平铺效果

02 在仓库中，选择"出生操作符"单击并拖动到"Birth Grid"位置，直接完成事件替换，如图15-47所示。

03 设置出生操作符的数量为366。

注意事项

数量336，这个数值是平面的顶点数目，要想查看定点数目，把鼠标放在平面物体上右击，找到对象属性，打开对话框，可以看到顶点数目。

3．替换粒子效果

01 在场景中单独创建粒子系统和小长方体，如图15-48所示。

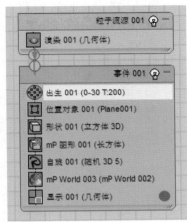

图15-47　事件更改

图15-48　创建粒子和长方体

02 为长方体添加"多维/子材质"，添加贴图，如图15-49所示。

03 选择粒子对象，在仓库中选择"图形实例"，将其替换为"形状控制符"，如图15-50所示。

图15-49　参照物体

图15-50　替换后结果

04 在"参数"面板中，单击"拾取"按钮，选择场景中的小长方体，如图15-51所示。勾选"获取当前图形"复选框，生成平铺后的效果，如图15-52所示。

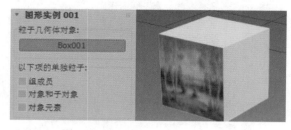

图15-51　拾取长方体

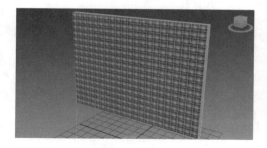

图15-52　获取图形后结果

4．将材质平铺到粒子上

01 在前视图中，沿粒子轮廓，创建"平面"对象，如图15-53所示。

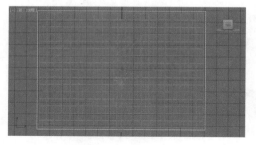

图15-53　创建平面

02 在粒子视图中，将"映射对象"添加到事件中，选择"贴图对象"，在来源对象贴图中，选择平面对象，如图15-54所示。取消勾选"每个粒子的统一颜色"复选框。

图15-54　添加贴图

查看场景中的贴图效果，如图15-55所示。

图15-55　贴图

5．修改动画效果

01 打开粒子视图，按【Ctrl】键的同时，选择"mP图形"、"自旋"、"mP World"和"显示"4个选项，单击并拖动到旁边的空白处，如图15-56所示。

图15-56 移动位置

02 选择事件002中的显示图标，然后按住【Shift】键不松开，鼠标左键拖动到事件001的最下面，如图15-57所示。

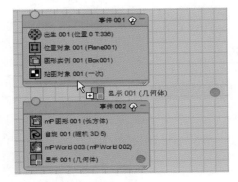

图15-57 复制事件

03 选择"年龄测试"按钮，将其拖动到事件

001的位置，调整测试参数，如图15-58所示。

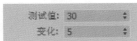

图15-58 年龄测试

04 设置完成后，在粒子视图中，单击并拖动连接两个事件，如图15-59所示。

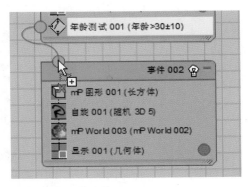

图15-59 连接事件

05 选择事件001的标签，在右侧参数中，单击"传递材质"按钮，单击更新材质下面的"下游材质"按钮，如图15-60所示。

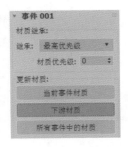

图15-60 下游材质

06 将场景中，作为发射器的平面001、作为贴图坐标的平面002和小长方体等对象，将其隐藏。播放查看效果，建议渲染查看效果，即可实现色块的运动效果。

读 者 意 见 反 馈 表

亲爱的读者：

感谢您对中国铁道出版社的支持，您的建议是我们不断改进工作的信息来源，您的需求是我们不断开拓创新的基础。为了更好地服务读者，出版更多的精品图书，希望您能在百忙之中抽出时间填写这份意见反馈表发给我们。随书纸制表格请在填好后剪下寄到：北京市西城区右安门西街8号中国铁道出版社综合编辑部 张亚慧 收（邮编：100054）。或者采用传真（010–63549458）方式发送。此外，读者也可以直接通过电子邮件把意见反馈给我们，E–mail地址是：lampard@vip.163.com。我们将选出意见中肯的热心读者，赠送本社的其他图书作为奖励。同时，我们将充分考虑您的意见和建议，并尽可能地给您满意的答复。谢谢！

所购书名：_____

个人资料：

姓名：_____ 性别：_____ 年龄：_____ 文化程度：_____

职业：_____ 电话：_____ E-mail：_____

通信地址：_____ 邮编：_____

您是如何得知本书的：

□书店宣传 □网络宣传 □展会促销 □出版社图书目录 □老师指定 □杂志、报纸等的介绍 □别人推荐
□其他（请指明）_____

您从何处得到本书的：

□书店 □邮购 □商场、超市等卖场 □图书销售的网站 □培训学校 □其他

影响您购买本书的因素（可多选）：

□内容实用 □价格合理 □装帧设计精美 □带多媒体教学光盘 □优惠促销 □书评广告 □出版社知名度
□作者名气 □工作、生活和学习的需要 □其他

您对本书封面设计的满意程度：

□很满意 □比较满意 □一般 □不满意 □改进建议

您对本书的总体满意程度：

从文字的角度 □很满意 □比较满意 □一般 □不满意
从技术的角度 □很满意 □比较满意 □一般 □不满意

您希望书中图的比例是多少：

□少量的图片辅以大量的文字 □图文比例相当 □大量的图片辅以少量的文字

您希望本书的定价是多少：

本书最令您满意的是：

1.
2.

您在使用本书时遇到哪些困难：

1.
2.

您希望本书在哪些方面进行改进：

1.
2.

您需要购买哪些方面的图书？对我社现有图书有什么好的建议？

您更喜欢阅读哪些类型和层次的计算机书籍（可多选）？

□入门类 □精通类 □综合类 □问答类 □图解类 □查询手册类 □实例教程类

您在学习计算机的过程中有什么困难？

您的其他要求：